U0733414

基金项目：国家自然科学基金面上项目（61374186）资助

基于深度强化学习的作战任务规划技术研究

张永亮　刘　勇　董浩洋　黄炎焱　编著

中国原子能出版社
China Atomic Energy Press

图书在版编目（CIP）数据

基于深度强化学习的作战任务规划技术研究 / 张永亮等编著 . -- 北京：中国原子能出版社，2021.12
ISBN 978-7-5221-1727-0

Ⅰ.①基… Ⅱ.①张… Ⅲ.①指挥控制系统－研究
Ⅳ.① E94

中国版本图书馆 CIP 数据核字 (2021) 第 249674 号

内容简介

本书从分层强化学习框架结构、知识引导的深度强化学习、数据驱动的多智能协同规划、离线与在线结合的任务规划等方面有重点地研究了基于深度强化学习的作战任务规划问题，同时结合作战任务规划典型特征与现实需求，分析了其面临的挑战、适用性，并给出了作战任务规划结果的效能评估模型。

本书内容注重技术引领、理技融合、系统完整，是深度强化学习技术应用于作战任务规划领域的一次积极探索与实践。本书既可以作为军事人工智能、计算机科学与技术领域高校师生的选修课程教材，又可以作为军事运筹学、军事装备学研究生的专业教材，还适合国防科技研究人员和广大军事爱好者阅读，为其工程实践提供方法指导和思维启发。

基于深度强化学习的作战任务规划技术研究

出版发行	中国原子能出版社（北京市海淀区阜成路 43 号　100048）
责任编辑	王齐飞
装帧设计	河北优盛文化传播有限公司
责任校对	宋　巍
责任印制	赵　明
印　　刷	北京卓诚恒信彩色印刷有限公司
开　　本	787 mm×1092 mm　1/16
印　　张	10.5
字　　数	200 千字
版　　次	2021 年 12 月第 1 版　　2022 年 6 月第 1 次印刷
书　　号	ISBN 978-7-5221-1727-0
定　　价	68.00 元

版权所有　侵权必究

前　言

深度强化学习是基于环境感知和反馈来优化决策的机器学习技术，其契合心理学中的行为主义理论，顺应大数据时代高性能计算的突破性进展，成为当前解决智能决策的普适性框架。从 AlphaGo 到 AlphaGO Zero，从 DeepMind 的 DQN、A3C 到 UC Berkeley TRPO，再到 OpenAI 的 MADDPG、PPO，强化学习作为走向通用人工智能的关键技术，在 21 世纪初的围棋人机大战中强势回归，继而在自动驾驶、机器人控制、智能交通等领域广泛应用，并在兵棋推演和星际争霸的人机智能博弈对抗中继续大放异彩，成为引领当前人工智能技术发展的旗帜。本书尝试将深度强化学习应用于对抗交战条件下的作战任务规划问题，针对不完全态势特征建模、行动决策空间约简、基于知识的奖赏函数设计以及数据驱动的强化学习算法优化等方面展开探索，并以全国兵棋大赛人人对抗数据以及基于自研"先胜 1 号"陆战兵棋累积的机机博弈数据为支撑，进行算法验证与规划结果评估，取得初步研究成果，旨在为深度强化学习技术进入智能化指挥决策领域提供方法指导。

本书从分析深度强化学习应用于作战任务规划的适用性着手，按照先总体框架设计后关键算法研究攻关、先知识引导单实体决策后数据驱动多实体协同、先作战任务规划后方案计划效能评估的逻辑，进行体系设计与内容组织，并据此将全书分为 5 章：第 1 章从基本概念出发，系统阐述作战任务规划与深度强化学习的国内外研究进展，并深度剖析了基于深度强化学习的作战任务规划适用性及其面临的挑战，主要由张永亮、黄炎焱、李臣明完成；第 2 章从总体上给出了全书的技术框架和实现方案，由张永亮、刘勇、倪黎完成；第 3 章是智能战术兵棋团队近年来参加全国智能兵棋大赛的成果，主要介绍了产生式规则与综合势能的知识表示及其融入强化学习的算法模型，由董浩洋、黄炎焱、张晨、刘勇完成；第 4 章是团队参加人机对抗挑战赛形成的成果，主要介绍了基于既有博弈对抗的直接模仿学习与 PPO 算法的结合，以及基于逆向强化学习解决陆战智能任务规划的技术方案，主要由黄炎焱、陈希亮、张永亮完成；第 5 章主要介绍在 MCTS 框架下，基于综合势能的作战规则量化模型与深度强化学习模型结合后，面向陆域战场要点夺控任务开展的作战任务规划探索与实践，最后给出了任务规划结果评估与分析的基本模型，从而为实战化、工程化运用该技术提供方法指导，主要由张永亮、董浩洋、王伟才、陈希亮、齐宁完成。

任何算法都不可能解决所有的智能问题，只能在某类智能问题上具有一定优势，这是由机器学习领域"天下没有免费午餐"定理决定的。虽然深度强化学习技术原理契合人类的一般序贯决策的思维，而且在目标导向和奖赏反馈的复杂决策任务上给出了通用的解决方案，但是其在解决复杂作战问题时不可避免地面临着环境奖赏稀疏、反馈延迟、状态动作空间巨大以及深度态势策略网模型可解释性弱等现实难题，距离通用人工智能的现实要求还有相当长的路要走。进入信息智能时代，在不完全信息博弈条件下的多智能体深度强化学习算法快速发展的今天，我们还有很多未知领域未能展开深入探索，有待下一步在军事智能任务规划工程探索实践中不断完善。从这个意义上看，本书只是当前日益发展成熟的深度强化学习技术的冰山一角，是我们在作战领域开展智能任务规划实践的初步成果，难免存在不妥和疏漏之处，敬请广大读者朋友批评指正，不吝赐教。

编著者

2021 年 12 月

目　录

第 1 章　概述

进入信息智能时代，信息技术深刻改变着战争形态和作战方式，也深刻影响着战争准备和实施进程。现代战争的制胜机理已由规模制胜向精确制胜转变，效能优先、精兵作战已成为信息化作战力量运用的重要方式，这就要求作战方案的设计与生成越来越精确化。当前以监督学习、深度强化学习、知识图谱为代表的智能技术群的快速发展以及其在图像理解、机器翻译、语音识别、智能推荐领域的成功应用为精确、高效地制订作战任务智能规划创造了成熟的技术条件。

基于当前成熟的人工智能技术群，实现作战计划的交互式编制、作战资源的优化调度、规划流程的自动化管控以及规划结果的可视化呈现与智能化评估是信息化战争对作战任务规划提出的现实紧迫需求。本章将对比分析国内外作战任务规划系统发展现状，分析基于深度强化学习的作战任务规划适用性，进而分析深度强化学习在智能作战任务规划中面临的问题。

1.1　作战任务规划及其技术发展

1.1.1　作战任务规划的概念内涵

作战任务规划是指挥员及其参谋机构依据上级意图，在对敌情、我情、战场环境等客观情况深入研判的基础上，对总体作战任务的分解，对作战资源的调度，对各部队任务的区分和行动安排，并在作战实施中对任务进行实时监控和临机规划的过程。作战任务规划是基于信息系统完成精细化指挥活动的过程。周密的作战任务规划是精确作战筹划的重要内容，是取得作战胜利的重要保证。

作战任务规划的本质是根据任务目标、给定的资源和约束条件，运用科学规划方法合理生成一系列作战行动序列（Course of Action，COA），以实现从初始态势到期望态势的转化。任务目标由指挥员及其参谋机构确定；资源与约束包括任务部队能力、物资保障、作战时空要求、协同关系以及战场情况等。为了达到期望态势，作战实体往往需要执行大量的作战行动，这些行动之间通常存在着复杂的时序逻辑关系，因而需要对作战资源进行合理的分配，对作战行动序列进行合理的排序，处理规划过程中的各类冲突，评估规划结果的有效性，因此作战任务规划是一个十分复杂的过程。作战任务规划一般包括理解任务、判断情况、设计构想、制订方案、推演评估等一系列指挥活动。作战任务规划既需要创新的指挥流程、指挥活动内容，又需要一套信息化规划系统来支持。

1.1.2 作战任务规划的功能定位

1. 作战筹划决策模式创新发展的重要支撑

信息技术的迅猛发展加快了信息系统的不断完善，基于信息系统的任务规划必将成为指挥人员未来任务规划的主要方式。信息化条件下，部队作战通常是基于作战目标与效果的联合行动，各指挥要素通过指挥信息系统分散配置、动态隐蔽，使各级各类指挥人员在同一时间、不同地点通过指挥链路担负着共同的指挥任务，通过联合研判、联合协商、联合决策等形成整体指挥优势。因此，部队指挥人员只有铸牢动态分布交互的任务规划理念，才能在实践中根据上级指挥员的决心意图和战场动态，充分发挥信息系统的互联、互通、互操作功能，依托智能化任务规划系统对部队的战斗任务、行动进行实时监控与临机决断，才能提高其科学性和时效性，从而满足作战指挥方式由集中式指挥向任务式指挥转变的需求。这是引领作战任务规划创新发展、深入实践的关键理念。因此，迫切需要加强智能化作战任务规划功能建设，为推动作战任务规划模式创新发展提供支撑。

2. 精确高效作战任务规划能力生成的重要保障

在现代战争中，战场环境瞬息万变，使作战行动呈现动态性和不确定性，指挥、控制与协同呈现复杂性等特点，因此任务规划这一关键环节面临极大挑战。利用先进的计算机技术，通过任务规划系统提高指挥员决策的速度和准确性是作战部队占据战场优势、提高快速反应能力和作战效能的关键。部队要精准分析战场态势，精细分工行动任务，精密规划兵力火力，精确调配作战资源。部队要树立"以快吃慢"基本制胜理念，作战筹划必须跟上作战行动节奏，尽可能缩短决策周期，确保先敌反应、先敌行动、先敌打击，赢得作战主动权。因此，迫切需要在部队作战筹划系统建设中加强作战任务规划功能建设，为提高部队精确高效作战筹划能力提供保障。

精度、速度、强度是信息化条件下陆军作战行动的根本要求。面对汹涌而来的战场大数据，指挥人员如何实现高精度任务规划是指挥成败的关键。大数据技术改变了传统数据处理模式，精确化成为必然要求，指挥人员只有适应这种变化，才能在瞬息万变的数据洪流中占据主动。通过大数据技术，指挥机构及指挥员借助数据驱动的任务规划系统可以有效对线上线下结构化、非结构化和半结构化数据进行全数值分析，快速提取隐含其中、事先不为可知但又潜在有用的精细化信息，有效支撑高精度任务规划的实现。

3. 作战方案智能推演评估优化的重要手段

作战任务规划的过程就是不断预测敌兵力行动以及对我兵力行动产生反应的过程。现代计算机技术和网络信息技术在军事领域的广泛应用使精确作战筹划如虎添翼。充分运用部队作战筹划系统能够模拟复杂战场环境和敌我体系对抗条件，推演、评估联合作战行动过程，精确分析各作战方案的优缺点，评估、检验诸兵种作战能力和作战效果，为指挥员提供计算机辅助决策支持，把模拟仿真推演结果与指挥员的智慧和经验结合起来，把定性分析和定量分析结合起来，为指挥员执行不同作战任务、实施不同作战行动提供有力的决策保障。因此，迫切需要结合分布式平行仿真推演、大样本并行仿真推演需求，为作战方案在对抗条件下的智能化精确推演评估提供手段。

1.1.3　国外作战任务规划系统与技术

作战任务规划技术是伴随着作战任务规划系统研究而不断发展的。自 20 世纪 70 年代以来，西方军事强国大力发展作战任务规划系统，取得了巨大进展，已成为其筹划与组织作战的必备工具。目前，美军开发与装备的任务规划系统最为先进、最具代表性。经过多年发展，美军已经建立了涵盖战略、战役和战术多个层级的任务规划系统，支持从武器运用、作战行动筹划到军事战略制定的全过程。该任务规划系统经历了海湾战争、伊拉克战争等几场局部战争的实战检验，在促进美军军事变革、全面提升美军体系作战能力方面发挥出了不可或缺的作用。

经过长期积累与实战运用，美军的任务规划系统逐步形成集流程、人员、方法和手段为一体的作战任务规划体系，规划层次清晰，每个层次解决不同的规划问题，每一层次的规划都有相应的规划系统作为支撑，且各类规划系统之间有效衔接，形成体系。其作战任务规划体系可以用"二类规划、三个层级、四种系统、五种成果"进行概括，如表 1-1 所示。

表 1-1　美军任务规划系统发展历程

阶　段	特　点	规划内容	主要装备
20 世纪 70 年代：铅笔头式规划	手工规划，通过磁盘向战机输入程序	飞行航迹规划	笔、尺、纸

阶 段	特 点	规划内容	主要装备
20 世纪 80 年代：单一武器简单辅助规划	计算机辅助规划，功能相对简单，能力有限	规划最佳飞行航迹	"战斧"巡航导弹任务系统任务支持系统（MSS Ⅰ、MSS Ⅱ）
20 世纪 90 年代：军兵种任务自动规划	各种型号规划系统井喷式发展，性能不断提升，应用范围不断拓展，技术体制不统一，相互不兼容	任务规划、航路优化	空军任务规划支持系统（AFMSS）海军任务规划系统（NMPS）陆军基于地形的任务规划系统（TMPW）特种兵和特种兵行动计划与推演系统（Special Operation Forces Planner of Actions and Rehearsal System）
21 世纪：联合任务规划	解决任务规划系统互联互通互操作问题，打破各军兵种任务规划系统烟囱式发展模式	所有军事单元任务规划	联合作战规划执行系统（JOPES）
今后发展	解决问题更复杂；作用对象不断拓展；应用领域不断拓展	多任务、多要素、动态战场快速反应、体系化联合打击	

在规划时机方面，包括两类规划：一是周密规划，针对平时设想可能出现的冲突而进行提前规划和准备，拟制作战计划（OPLAN）或简要作战计划（CONPLAN），作为应对冲突的预案，规划周期一般为 18～24 个月；二是危机行动规划，即应对已出现的危机而实施的规划，以作战计划或简要作战计划为基础修改、完善作战方案，拟制作战命令（OPORD），规划时间一般只有数小时。

在规划层级方面，包括三个层级：一是战略战役层，制订作战方案，解决战役目标怎么定、阶段怎么划分、打哪些目标、用什么武器、怎么组织与协同等问题；二是战术行动层，制订行动计划及生成任务指令，解决如何行动、如何保障等问题；三是武器平台层，面向武器平台，解决航路怎么飞、弹药怎么投等技战术问题。

在规划系统方面，包括四种系统：一是联合作战计划和执行系统（JOPES），部署在联合作战司令部，根据参联会发布的联合战略能力计划（JSCP）和各种指南性文件，或在危机来临时根据参联会主席发布的警告命令，拟制联合部队司令员的作战计划（OPLAN）和作战命令（OPORD），其中包含分阶段兵力部署数据（TPFDD）；二是军兵种与 JOPES 对接的战役规划支撑系统，部署在军兵种指挥部，主要包括空军周密和危机行动规划与执行系统（DCAPES）、统一空中移动规划系统（CAMPS）、陆军计算机化移动规划与状态系统（COMPASS-A）、海军陆战队空地任务部队系统（MAGTF II）等，用于为 JOPES 提供军兵种相关规划业务的支持；三是军兵种行动规划系统，部署在军兵种指挥部及下级指挥部，包括战区战斗管理核心系统（TBMCS）、海军全球指挥控制系统（GCCS-M）、陆军战斗指挥系统（ABCS）等，根据联合部队司令员的 OPLAN 或 OPORD，拟制联合行动计划及生成任务指令，如联合空中作战计划（JAOP）、主空中攻击计划（MAAP）、空中任务指令（ATO）、空域协同指令（ACO）等；四是战术任务规划系统，部署在任务部队，包括联合任务规划系统（JMPS）、空军任务支持系统（AFMSS）、战术飞机任务规划系统（TAMPS）、陆军基于地形的任务规划系统（TMPW）、陆航任务规划系统（AMPS）等，根据上级下达的任务指令，拟制出动兵力的任务计划，生成任务简报和飞机航电系统的任务加载数据。

在规划成果方面，包括五种成果：一是作战计划（OPLAN），它是一个详细和完备的指导联合军事行动的计划，是拟制作战命令（OPORD）的基础，包含各阶段分配任务的行动，还包含 JOPES 所需的附件和分阶段兵力部署数据（TPFDD）文件。二是方案计划（CONPLAN），它是作战计划的精简格式。方案计划通常不配备分阶段兵力部署数据（TPFDD）文件。三是职能计划（FUNCPLAN），它是作战指挥官拟制的包括和平时期或非敌对环境的指导军事行动的计划，如灾害救济、维和、国家援助、后勤、通信、监视和保护公民。四是作战命令（OPORD），包含分阶段兵力部署数据（TPFDD）。五是任务加载数据（TLD），它是战术任务规划产生的武器平台装订数据。

随着技术的进步，美军于 21 世纪还列装了多种新型任务规划系统。与过去的任务规划系统相比，它们产生了翻天覆地的变化。一是解决的问题更加复杂，包括动态战场快速响应（如作战过程监视、突发威胁规避、时敏目标打击、在线任务调整、打击效果评估）和体系化联合打击（如多波次 / 多方向立体打击、传感器 / 通信 / 电子战协同规划、作战资源统一调度、多平台武器联合运用、全作战过程管控）等；二是作用对象不断拓展，涵盖导弹、有人机、无人机、机器人等；三是应用领域不断拓展，逐步面向兵棋推演、侦察 / 打击 / 评估、预警探测、电子对抗、通信中继、护航、加油等多种任务。

其他西方国家在任务规划系统建设方面也取得了一定的成果。比如，英国空军装备的 Pathfinder 2000 任务规划系统和先进任务装置能在夜间和恶劣天气条件下支持鹞式 Gr17、狂风战斗机、欧洲战斗机（EFA）进行隐蔽攻击。，又如，法国空军装备有 MIPSY、CINNA 和 CIRCE 2000 三个系列的飞机任务规划系统，已在海湾战争中用于制订攻击任务规划。再如，意大利马可尼公司根据军方要求，开发具有任务规划能力的任务支持系统，既可用于地面对空指挥，又可在稍加改装后加装在作战飞机平台上，成为战术飞行管理系统的组成部分。

近年来，为稳步推进智能化作战体系的纵深发展，美军陆续展开了一系列智能化项目。2007 年，美国国防部高级研究计划局（Defence Advanced Research Projects Agency，DARPA）启动了一项指控领域重点研究项目——"深绿"（Deep Green，DG），并计划集成到美陆军旅级 C4ISR 之上的战时指挥决策系统中。DG 由"指挥员助手"人机接口系统、"闪电战"仿真系统和"水晶球"控制系统三大子系统组成。指挥员和参谋在前端与"指挥员助手"交互，"闪电战"和"水晶球"在后台运行。当前，基于深度强化学习的智能围棋程序 AlphaGo 取得的傲人成绩标志着人类在认知智能技术上已取得重要进展。随着大数据、云计算、移动互联网等新一代信息技术的进一步发展，DARPA 开展了诸多基础性的探索研究。在基于大数据的辅助决策研究方面，DARPA 先后启动 Insight 和 XDATA 项目，主要针对实时性、分布式、不完整的战场数据，开发态势信息自动化分析处理平台，为战场指挥员快速、自动化决策提供支持；在基于深度学习的认知智能方面，DARPA 先后启动 DL、DEFL、PPAML 等一系列项目，旨在探索智能化的机器学习方法，为解决不确定信息中的理解数据、分析结果、推理关系，进而实现辅助决策支持提供技术方案；在面向战场管理的辅助决策研究方面，DARPA 于 2014 年提出分布式作战管理（Distributive Battlefield Management，DBM）项目，帮助飞行员监视战场态势、规划作战任务。2016 年，美军启动了指挥官虚拟参谋（Commander's Virtual Staff）项目，旨在通过综合应用认知计算、人工智能等技术，为指挥人员提供高级智能分析、自然人机交互和辅助决策建议，从而为指挥官及其参谋制定战术决策提供从规划、准备、执行到行动回顾的全过程决策支持。表 1-2 给出了美军近年来启动的指挥信息系统智能决策相关项目。

表 1-2　美军近年来智能指挥决策相关项目

类　别	项目名称
大数据与机器学习相关	Big Mechanism
	ENGAGE 项目
	洞察力计划
	软件包体挖掘和理解（Mining and Understanding Software Enclaves, MUSE）
	战略沟通中的社交媒体（Social Media in Strategic Communication, SMISC）
	视觉媒体推理（Visual Media Reasoning, VMR）
	X 数据
自然语言处理相关	广泛操作语言翻译（Broad Operational Language Translation, BOLT）
	语言自动可靠转录（Robust Automatic Transcription of Speech，RATS）

作战任务规划可以采取"人在回路""人不在回路"以及两者有机结合等不同形式。围绕作战任务规划与仿真推演，以美军为代表的西方各国军队探索与应用起步早，且实践应用成果丰硕。目前，美军典型的仿真推演系统是联合作战系统（Joint Warfare System，JWARS），主要用以支持美军的联合战役作战方案分析，可以提供联合作战的分析工具以支持作战计划制订与执行、兵力评估、效能评估、作战分析及条令的开发。美军将其更名为联合分析系统（Joint Analysis System，JAS），它是一个基于事件的模拟仿真系统。随着战争复杂性理论应用于模拟仿真系统，作战方案仿真推演平台也相继产生，代表性的平台有 ISAAC（Irreducible Semi-Autonomous Adaptive Combat）和 EINSTein（Enhanced ISAAC Neural Simulation Toolkit），主要采取基于 Agent 的建模仿真技术，能够对各种作战问题进行仿真分析。

1.1.4　国内作战任务规划系统与技术

我军任务规划系统建设相较美军而言虽然起步较晚，但也取得了一些成果。经过多年的发展，我军已在战术任务规划和军兵种战役任务规划两方面具备了一定的理论和实践基础。总的来说，我军主要侧重任务规划系统中的技术理论与算法研究，如资源冲突消解算法、自组织动态任务规划方法、战术决策支持系统、任务规划问题建模与优化技术等，但是成熟可靠的任务规划系统还不多。

在战术级任务规划方面，重点突出新研装备和高技术主战装备，以任务规划系统促进装备整体作战效能的提升。目前，我军面向多型作战飞机和多类导弹开发的任务规划系统已完成研制工作并应用于部队实践，还在通信规划、电子对抗规划、防空反导战术任务规划等方面均开展了相关研究工作。

在军兵种战役级任务规划方面，某型作战任务规划系统具备方案生成和行动推演评估能力，具备多单元协同和战役辅助决策能力，具备火力计划和方案评估能力，并在此基础上向联合任务规划拓展。此外，在作战任务规划系统建设发展的基础上，汲取有益经验，拓展应用范围，开始向保障任务规划系统拓展。

面对作战信息化以及智能化的国际大趋势，我军以人工智能为技术依托和支撑，大力发展高新技术武器装备和指挥体系。为更好地将人工智能技术应用于指挥控制，我军联合众多高校、研究院展开多次以智能战场为主题的深入探讨。例如，2016 年国防大学主办的第七届全军"战争复杂性与信息化战争模拟"高层学术研讨会、2016 年至 2018 年三届中国指挥控制大会等。通过上述讨论，大量专家对智能作战提出了很多宝贵的设想以及发展中可能存在的问题，推动了作战任务智能规划技术的研究和发展，使任务规划技术向在线响应式规划和智能预测式规划进行跨越式的转变。

我军的任务规划技术也融入了体系仿真技术，根据当前态势和目标进行超实时仿真分析与效能评估，从而更加灵活地分配作战资源和调整作战行动方案。例如，国防科技大学的 C4ISR 技术国防科技重点实验室从作战方案评估入手，从信息、决策、资源和结构四个方面对方案进行建模，基于模型分析和仿真评估研制了联合作战方案生成与评估系统和空军战役智能决策支持系统，可以对方案执行效果进行实时跟踪；南京陆军指挥学院作战实验中心围绕合同战斗、联合战斗方案的仿真推演实验，研究了仿真推演实验设计、实验运行控制方法、实验综合效果评估以及其中的仿真推演关键性技术等问题；空军指挥学院基于多 Agent 智能技术和行动方案生成专家系统开发了作战计划协同制订系统；海军航空工程学院针对无人机任务规划技术进行了一些初步研究，提出了一种基于遗传算法的航路规划优化方法，并开发了一个仿真软件进行算法验证；海军装备论证研究中心基于模型库开发了作战方案辅助决策系统；南京理工大学对制导航弹的任务规划系统设计进行了一些研究，提出了一种任务规划系统的设计方案，但并未对该方案予以实现和验证。上述研究对提升我军作战指挥效能和作战筹划能力均起到了积极的推动作用。

近年来，我军积极推进兵棋推演方面的研究。张可等在兵棋推演专家数据和复盘数据的规则基础上，基于模糊遗传系统研究了作战推演过程中的人工智能数据；汤奋等对陆战兵棋推演地图的六角格设计方法展开了相关研究，通过借鉴传统的地图设计方法，提出了六角格兵棋推演地图设计的原则及流程；刘满等基于兵棋的历史推演数据和基本规则设计了一款兵棋智能引擎，并进行了机—机对抗和人—机对抗的实验，取得了一定的战绩；谭鑫基于规则对计算机兵棋系统进行了研究；石崇林着力兵棋推演数据的采集分析和处理，并基于数据搭建了兵棋推演的分析系统。

目前，人工智能在兵棋推演对抗领域的研究尚处于初期阶段。胡晓峰等从 Al-phaGo 的成功分析了兵棋推演面临的瓶颈，指出作战智能态势认知是兵棋推演中亟须突破的关键环节；戴勇等人基于兵棋推演的特点以及人工智能发展现状和核心技术，明确了将人工智能应用在兵棋推演领域中会遇到的问题以及解决途径；李承兴等以装备维修保障兵棋推演为仿真环境，针对装备维修保障过程中的装备受损和机动维修分队抵达受损装备位置点等具体内容，提出了一种基于马尔可夫决策过程和深度 Q-Learning 的训练算法，使兵棋算子具有了一定意义上的智能性；赖俊等针对在室内无人机搜索中目标搜索效率不高、准确率较低等问题，提出了一种基于近端策略优化（Proximal Policy Optimization，PPO）算法的训练方法，可有效缩短训练周期，同时提升搜索效率和准确率；王旭等利用兵棋推演分析了城市内涝灾害应急联动体系建设，说明智能兵棋推演在现实应用中同样具有较好的应用前景。

此外，为在兵棋推演的复杂决策环境中建立智能化的决策模型以更好地指挥作战，国内专家对多智能体系统展开了一系列研究。杨建池在联合作战中引入了单智能体的内部决策模型，从而联合了多智能体协同决策以及智能体内部的智能决策过程；冯进等提出了一种混合 Agent 框架，该框架同时具备认知 Agent、BDI Agent 和刺激反应 Agent 的优势；李乃金通过设计专家样本库的生成方法，提出了基于推理机的决策模型；鲁大剑提出了基于决策树的作战推演决策模型等。上述方法均能最大限度地增强智能模型在演习等任务中的作用。

1.2 深度强化学习及其发展现状

20 世纪 80 年代末期，用于人工神经网络的反向传播算法（Back Propagation，BP）的发明给机器学习带来了希望，掀起了基于统计模型的机器学习热潮。利用 BP 算法可以让一个人工神经网络模型从大量训练样本中学习统计规律，从而对未知事件做出预测。这种基于统计的机器学习方法比过去基于人工规则的系统在很多方面显示出优越性。这个时候的人工神经网络虽也被称为多层感知机，但实际是一种只含有一层隐层节点的浅层模型。

20 世纪 90 年代，各种各样的浅层机器学习模型相继被提出，如支持向量机（Support Vector Machines，SVM）、Boosting、最大熵方法、逻辑回归（Logistic Regression，LR）等。这些模型的结构基本可以看成带有一层隐层节点（如 SVM、Boosting），或没有隐层节点（如 LR）。这些模型无论在理论分析还是应用中都获得了巨大的成功。相比之下，由于理论分析的难度大，训练方法又需要很多经验和技巧，这个时期浅层人工神经网络反而相对沉寂。

深度学习（Deep Learning，DL）是机器学习的第二次浪潮。深度学习的概念源于人工神经网络的研究。深度学习通过组合低层特征形成更加抽象的高层表示属性类别或特征，以发现数据的分布式特征表示。深度学习起源于 2006 年，加拿大多伦多大学教授、机器学习领域的泰斗杰弗里·辛顿（Geoffrey Hinton）和他的学生鲁斯兰·萨拉克霍特迪诺夫（Ruslan Salakhutdinov）在《科学》上发表了一篇文章，开启了深度学习在学术界和工业界的浪潮。这篇文章中阐述了两个主要观点：①多隐层人工神经网络具有优异的特征学习能力，学习得到的特征对数据有更本质的刻画，从而有利于可视化或分类；②深度神经网络在训练上的难度可以通过"逐层初始化"来有效克服。在这篇文章中，逐层初始化是通过无监督学习实现的。

强化学习（Reinforcement Learning，RL）是机器学习中的一个重要分支，是解决序贯决策（Sequential Decision Making）的重要方法，主要在与环境的交互过程中通过获得最大的累积奖赏来学习一个决策策略。但是，在实际应用中往往难以求解最优策略。为此，强化学习通常使用深度神经网络等非线性函数或策略。这种与深度学习紧密的结合就是深度强化学习（Deep Reinforcement Learning，DRL），它是当前突破认知智能的代表性机器学习方法。深度强化学习最早可追溯至 2012 年，兰格（Lange）等人将 AutoEncoder 应用于强化学习中，解决了路径规划寻优的问题。深度强化学习真正的开端是 DeepMind 在 2013 年 NIPS 会议上发表的 Deep Q Network（DQN）算法，其直接从像素图像中学习策略来进行 Atari 游戏。近年来，深度强化学习的研究已经成为机器学习的一个热点方向。

从近年来深度强化学习方法的最新研究成果看，其主要在值函数近似、策略搜索、基于模型的强化学习（环境建模）方面有了进一步的突破性进展。值函数近似的方法就是用一个函数 $f(x;w)$ 近似 $V(s)$ 或者 $Q(s,a)$ 函数。2013 年，DeepMind 提出了 DQN 算法，提出了经验回放技术。2015 年，DeeoMind 在此基础上进一步提出了目标分离技术，在"雅达利"（Atari）的游戏平台上有 49 款游戏达到了人类的水平。

虽然以 DQN 算法为代表的值函数近似方法取得了突破性的进展，但基于值函数的方法仍具有很多局限性：很难求取随机性策略，不适宜解决连续动作问题。因而，基于深度神经网络的策略搜索方法将是深度强化学习不可或缺的组成部分。围绕此算法，戴维·席尔瓦（David Silver）证明了梯度计算公式，从而提出 DPG（Deterministic Policy Gradient）算法。DDPG（Deep Deterministic Policy Gradient）算法是在 DPG 的基础上，将 Actor-Critic 算法与深度神经网络结合提出的。麦克民（Mnih）等还提出了异步优势演员 - 评论家算法（Asynchronous Advantage Actor-Critic，A3C）以加快训练。基于异步评价器（Actor-Critic）的 A3C 算法，把 DQN 与用于选择行动的策略网络进行结合，为直觉性的激励提供新颖的方法，并且暂时性地简化了计划。基于策略梯度的方法还有 TRPO（Trust Region Policy Optimization）、SVG（Stochastic Value Gradient）、GAE（Generalized Advantage Estimator）等。基于环境建模的深度强化学习方法也取得了不错的进展。

深度强化学习虽然在值函数近似、策略搜索、环境建模这方面取得了突破性的进展，但仍然未能解决复杂环境下的决策问题。强化学习面临的三大困难包括状态动作空间的维度灾难问题、探索与利用的矛盾和环境奖赏稀疏的难题。基于深度神经网络的非线性逼近能力和端到端的强大学习能力，深度强化学习在很大程度上解决了高维状态空间和连续动作空间的困难。然而，探索与利用的矛盾、奖赏信号稀疏的问题成为目前制约强化学习走向实践应用的关键。

在强化学习中引入知识不仅可以提高强化学习的收敛速度，提高学习主体的探索能力，还能在一定程度上解决奖赏稀疏带来的问题。目前将知识运用于强化学习中的研究已经取得一定的进展。比较有代表性的方法有专家在线指导（TAMER 框架）、回报函数设计、模仿学习或示例学习、知识驱动的策略探索方法。

2009 年，诺克斯（Knox）和彼得（Peter）提出了 TAMER（Training an Agent Manually via Evaluative Reinforcement）框架，用于将专家的隐性知识引入 Agent 的学习回路中，为 Agent 提供强化信号，而后通过监督学习对该信号进行建模。由于在 TAMER 中学习目标是立即奖赏的最大化，在多个对比实验中，TAMER 框架在训练初期可以迅速达到很好的性能。维安（Vien）等将 TAMER 框架拓展到连续状态动作空间的任务中，提出了 Actor-Critic TAMER 框架。

强化学习奖励信号的稀疏性不仅会导致强化学习延迟收敛，还可能导致难以学得有效的策略。在此背景下，人们提出了回报函数设计，其基本思想是，在学习中利用先验知识或过程经验来指导回报函数的设计。使用了领域知识的方法，我们称之为启发式回报函数设计；因缺乏知识而只利用了学习中的过程经验的方法，我们称之为在线回报函数设计或自动回报函数设计。马塔里（Matari）等利用领域知识，精心设计回报值，来引导 Agent 向期望的策略学习。然而，加入附加的回报值是有风险的，设计不合理的回报函数可能会导致策略发生偏离。针对这种情况，吴恩达等给出了设计安全回报函数的理论条件，并提出了回报势函数的概念。

从一批人类专家的决策轨迹数据中求得奖赏函数，实现对最优策略的学习，我们称之为模仿学习或示例学习。模仿学习被认为是强化学习提速的重要手段，一般可以分为两类：直接模仿学习和逆强化学习。Guo 等人通过结合蒙特卡洛树搜索和深度神经网络 CNN 训练来学习游戏策略。实验结果表明，在 Atari 游戏平台上取得了超过 DQN 的游戏水平。DeepMind 团队通过卷积神经网（Convolutional Neural Network，CNN）训练 AlphaGo 的"策略网络"同样运用了模仿学习。该"策略网络"一方面在离线训练阶段进行自我对弈，生成数据用于训练"价值网络"；另一方面为在线对弈阶段的蒙特卡洛树搜索算法提供策略选择。模仿学习另一类重要的方法是逆强化学习方法。其基本思想如下：寻找某种奖赏函数，使示例数据是最优动作，然后使用该奖赏函数进行强化学习，得到相应的策略。奖赏函数的表示是逆强化学习的重点，方法有依据与轨迹的相似度来表示、根据特征的权重组合来表示或根据特征学习来表示。

在有限的计算资源下，强化学习存在着探索与利用的矛盾，一方面需要依据现有经验去学习策略，另一方面需要探索未知的状态空间，以期学到更好的策略。可见，Agent 的探索策略选择直接影响着强化学习的效率和最终策略的优劣。近年来，对探索策略的研究已经取得了一定的进展，有基于环境建模的方法、运用若干个 Q 函数集成来指导探索的方法、基于伪计数的内在动机探索方法等。

在探索策略中引入先验知识是提高 Agent 探索能力的一种重要方法，也契合人类不断提升智能的决策思维特点。比安基（Bianchi）等提出的启发式强化学习（Heuristic Accelerated Reinforcement Learning，HARL）算法就是通过在学习过程中利用启发式信息来选择动作，并在迷宫这类任务中取得了较好的效果。需要指出的是，该启发式函数只在动作选择时对探索策略产生影响，对强化学习的值函数并没有产生影响。Bianchi 从理论上证明了该理论的收敛性，给出了误差估计的界限。并进一步提出了结合案例推理、迁移学习算法的启发式函数，用以改进探索策略。

1.3 基于深度强化学习的作战任务规划适用性分析

在作战任务规划中，基于强化学习算法的智能作战实体（Agent）可以在连续的行为决策中，通过持续感知环境反馈激励的优劣情况，最终完成对最优行为策略的选择。相较机器学习领域的监督学习和半监督学习，强化学习是在没有任务正确样本标记的条件下，智能体采用持续的"试错"机制和"利用－探索"平衡策略，实时判断环境的反馈状况并作为其动作的监督信号，最终通过不断调整参数，完成对任务最佳实现策略的选择，如图1-1所示。强化学习来源于心理学中的行为主义理论，反映了人脑如何做出决策的反馈系统运行机理，因而符合指挥决策人员面对诸多复杂决策问题的思维特征。

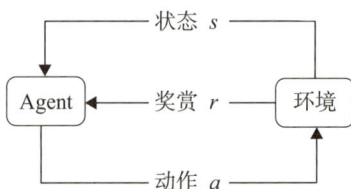

图 1-1 基于马尔可夫决策的强化学习模型

传统基于表格值的强化学习算法在解决状态和动作空间有限的任务上都表现得不错，但在求解很多状态和动作空间维度很高的现实问题时显得无能为力。运用RL方法在解决复杂作战指挥决策问题时，当前基于浅层结构算法的多数分类、回归等学习方法的泛化能力受到一定制约。其局限性在于有限样本和计算单元条件下对复杂函数的泛化表示能力有限。解决上述问题的一个有效途径就是使用函数近似的方法，即将强化学习算法中的策略或者值函数用一个函数显性地进行表达。常用的近似函数有线性函数、核函数、神经网络等。

深度学习就是通过学习一种深层非线性网络结构实现对复杂函数的逼近，并展现出能够从样本集中学习数据集本质特征的强大能力。深度学习的实质是通过构建多隐层的机器学习模型以及训练海量的数据样本集来学习更有用的特征，从而最终提升分类或预测的准确性。深度神经网络不仅具有强大的逼近能力，还可以实现端到端的学习，能够直接从原始数据的输入映射到分类或回归结果，较好地克服特征提取等人为因素带来的影响。当下各领域开始将深度神经网络作为近似函数引入强化学习中，并取得了很好的效果。由此，产生了具备强大感知能力的深度学习和具有决策能力的强化学习的紧密结合。

近年来，深度强化学习作为解决序贯决策的重要方法，在人工智能领域已经得到广泛而深入的应用。Google 公司 DeepMind 团队成功开发的智能围棋程序 Alpha-Go 通过综合运用基于海量围棋实战数据的深度神经网训练、基于强化学习的虚拟自我对弈，实现了 AlphaGo 在全局"棋感"（估值网络）与局部"落子"（策略网络）的良好平衡。智能围棋这类具有实时博弈特征且问题求解空间巨大的现实问题能够运用监督学习和深度强化学习结合的方法得以解决，让我们看到了该技术在研究非完全信息条件下不确定性战争博弈问题方面的潜力，从而为我们解决指挥信息系统的认知智能问题提供了重要的经验借鉴与技术参考。

基于深度强化学习的作战任务规划框架如图 1-2 所示。可以看出，强化学习不仅解决了从数据到知识一般性规则建模问题，更重要的是体现了"如何从世界中得到数据"这个过程。正是这一学习机制使 RL 与行为决策直接关联，从而在一定程度上跨越了"认知世界"这一过于复杂的建模环节，直指"改变世界"这一个任务目标。运用强化学习来解决指挥决策问题的优势如下：它可以充分利用与虚实结合的战场环境交互"试错"数据来直接学得策略，而不需要人为构建推理模型。强化学习的机制与方法契合指挥人员面向复杂作战问题的决策思维方式，故可以作为作战指挥智能决策中的任务规划技术加以运用。

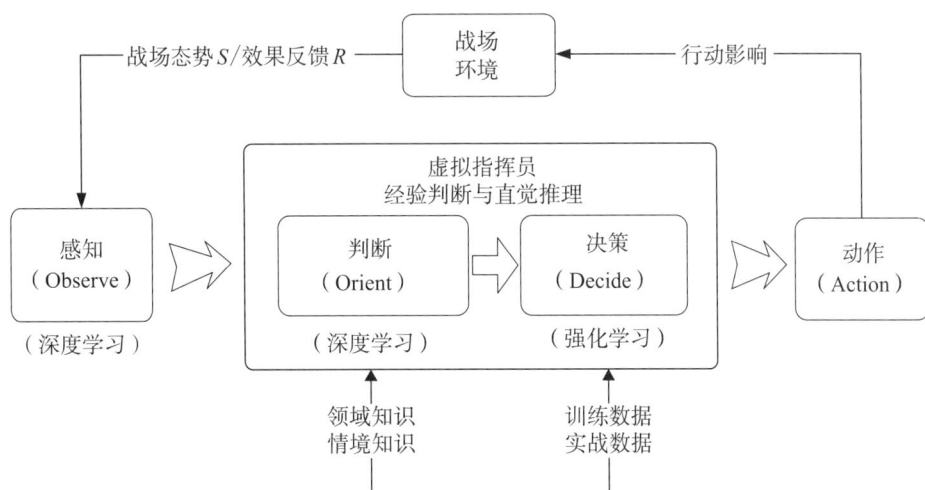

图 1-2　基于深度强化学习的作战任务规划框架

在军事应用方面，兵棋推演可以作为深度强化学习等机器学习方法的验证平台。兵棋推演对作战指挥有着重要作用，它在过去的战争中扮演着"先知"的角色。计算机兵棋的出现大大加快了推演的速度和准确性，将深度强化学习的方法利用在兵棋推演中，能够充分发挥深度强化学习的探索作用，对于提升兵棋推演的战术、复盘数据等有重要的意义。目前，兵棋推演方面的研究面向地图环境的搭建、智能算法和引擎等设计，且智能算法方面多基于规则和数据分析。因此，开展基于强化学习的兵棋推演算法研究有助于提高兵棋推演的智能化水平。相较人人对抗，基于强化学习的兵棋推演能够创造更多的数据进行筛选。

综上所述，以深度学习为核心的认知智能技术契合在指挥作战过程中的决策思维，并且拥有兵棋推演这个验证平台，使面向作战指挥领域的态势感知与经验分析有望得到进一步发展，并取得关键性突破。

1.4　基于深度强化学习的作战任务规划面临的挑战

从当前研究成果看，运用深度强化学习解决作战任务规划评估与优化问题主要有以下四个方面的难题亟待突破：一是在充满"迷雾"的战场和战争"阻力"条件下，如何对不完全信息战场态势和对手进行建模；二是智能决策主体（Agent）在与环境交互过程中，如何利用已有经验和知识解决 Agent 在"试错"过程中的"利用"与"探索"的矛盾，以最大限度地缩小 Agent 探索的状态与动作空间维度；三是在有限的计算资源条件下，如何基于既有领域知识与稀疏的领域专家训练范例数据，采用深度神经网络训练的方法实现对奖赏函数的最佳近似"拟合"，以解决作战指挥决策效果反馈稀疏的问题，提升作战任务规划执行的效率；四是基于深度神经网络构建的态势–行动策略网模型的可解释性无法得到合理性表达，阻碍了其在实战化方案拟制中的迁移应用。

1.4.1　不完信息条件下的战场态势特征建模问题

在深度强化学习过程中，需要先解决的是对复杂战场态势特征科学表达的难题。信息化条件下的联合作战，其作战任务规划面临着敌情和战场环境不十分明了、充满诸多不确定性因素等诸多挑战，这属于典型的不完全信息博弈（Incomplete Information Games，IIGs）问题。对于这类需要对不确定性、不完全战场态势信息进行估计的强化学习态势表示问题，采用部分可观察的马尔可夫模型（Partially Observable Markov Decision Process，POMDP）建立战场态势的预测状态与真实状态概率模型，将多个作战实体的状态在不同作战层次进行连接，从而基于 POMDP 构造出一个自动态势估计的框架模型。该框架模型基于行为 – 评判算法，将指挥员作为一个主体（Agent），并进行态势分析、理解和预测，从而不断地进行自我学习和修正。然而，基于这种建模方法构建的深度强化学习模型由于巨大的状态与动作空间，以及其状态动作值函数的复杂性，在工程实现上存在诸多问题。

IIGs 中部分可观测性和隐藏信息的存在对建立在马尔可夫属性上的传统 RL 技术提出了重大挑战。因此，一般的 RL 算法可以通过计算状态值来实现迭代计算，这样就可以估计在某些策略下的预期结果。然而，在不完全信息（非马尔可夫）的博弈对抗中，这种范式不再适用。为此，我们认为可以借鉴中山大学余超教授团队在《不完全信息博弈对抗中深度强化学习的不确定性与对手建模问题研究》一文提出的不确定性驱动的对手（Uncertainty-Fueled Opponent，UFO）学习算法，通过对战场不确定展开分析并量化后融入强化学习策略中，同时结合智能蓝军的对手行为建模，实现对不完全信息条件下战场态势的有效特征建模。该算法经过实验验证，是当前不完全信息条件下解决对抗式作战任务规划中态势特征建模问题的可行技术方案。该文主要贡献有三个方面：首先，在不确定性量化理论的驱动下，他们提出了 IIGs 中的两大类不确定性，即与统计随机性带来的固有随机效应相关的"随机效用不确定性"，由于对系统或环境本身缺乏认识而导致的"认知模型不确定性"。他们展示了如何量化这两种类型的不确定性，并将它们纳入最佳应对策略学习。其次，他们描述了蓝军模型在 IIGs 中如何通过预测对手的行动来缓解策略学习中的不确定性和非平稳性。具体来看，他们提出了几种对手模型选择方法来动态响应对手行为的变化。最后，结合上述两种机制，提出了一种新的算法，被称为"UFO"。德州扑克的评估结果表明，UFO 学习得到的策略要优于 IIGs 中的最先进算法，包括 RPG 和 QPG、NSFP 和 Deep CFR。

1.4.2　作战任务规划行动决策空间维度灾难问题

从实际基于深度强化学习的智能战术指挥决策过程看，强化学习模型的状态空间和动作空间会随着其取值呈指数级快速增长，即所谓的决策空间维度灾难问题。例如，在兵棋推演环境中，MDP 的状态空间往往都很大，并且单个算子所采取的 Action 选择也较多，这导致了 Agent 首次达到目标的概率非常低，Agent 首次达到目标的概率为 $P = 1/|A|^S$，其中 $|A|$ 为 Agent 所能采取的 Action 数量，S 是达到目标所用的单步数。从上式可以直观地看出，在兵棋推演这种大状态空间、智能体动作选择多的环境下，P 会很小，大量的无意义探索会导致算法收敛速度很慢、训练时间长等问题。

此外，基于深度强化学习的智能指挥决策空间维度灾难问题，容易制约基于浅层结构算法的多数分类、回归等学习方法的泛化能力，也就是在有限的样本和计算单元条件下对复杂函数的表示能力不足。解决上述问题的一个方法就是利用线性函数、核函数或神经网络等去近似强化学习中的策略或值函数。其中，深度神经网络能够高效地逼近非线性复杂函数，在图像处理、语音识别等领域得到成功应用。指挥决策既有的训练数据包含大量高质量"状态 – 动作"序列的范例数据，反映了指挥者的决策思维特征。多年来，实战化指挥决策训练轨迹数据的不断积累以及近年来深度学习方法取得的突破性进展为采用深度神经网络训练方法"拟合"指挥者经验判断式的思维过程提供了充分的技术条件。

另外，借鉴系统工程中的分层思想以及人体内神经系统与肌肉系统之间控制信号传递及其运行机制，可以利用任务—行为—动作层层分解的方法将动作向上进行抽象，向下进行分解，从而得到基于分层强化学习的智能指挥决策框架。该方法在《分层深度强化学习：整合时间抽象和内在动机》一文中给出了较好的解决方案。

1.4.3　基于 DRL 的作战行动序列奖赏函数设计问题

在智能作战指挥决策这样如此之大的任务空间内搜索最优解，如果采用暴力搜索方法，对于一般计算机而言是一个近乎不可能完成的任务。事实上，指挥决策人员不可能像机器一样去进行暴力搜索，而是会利用以往的训练经验去指导其最优策略探索。这种对历史经验数据的利用一般有以下几种方法。

一是基于逆向强化学习（Inverse Reinforcement Learning，IRL）得到奖赏函数，但需要有价值的专家范例数据。逆向强化学习被认为是强化学习提速的重要手段。基于逆向强化学习的战术分队智能决策过程，已知状态空间 S、动作空间 A，并且积累了较为丰富的实战化指挥决策范例数据集，那么利用深度学习与逆向强化学习相结合的技术解决方案就可以训练出具有多隐层的深度神经网来"拟合"回报函数，使在该回报函数环境中指挥决策范例数据是最优的，然后利用该回报函数即可求解特定指标下的最优 COA，最后针对不同的任务编程与应用场景，结合战术决策敏捷性评价指标，即可形成较为合理的战术行动方案。其中，基于深度神经网络的非线性"回报函数"可以认为是战术指挥员对实时态势做出的经验性判断。这种方法虽然求解获得的回报函数泛化能力出色，但对数据依赖性强，且对模型训练计算资源要求比较高，特别是在复杂的指挥对抗环境中。

二是基于指挥规则领域知识来人工设定。深度强化学习的方案形成速度和质量严重依赖奖赏函数的设置，在对作战行动序列进行深度强化学习建模和求解的过程中，一般假设激励函数是人为给定的。激励函数的给定带有很强的主观性和经验性。不同的激励函数会导致最优策略的不同。但是，对于作战行动规划这样的复杂任务，往往难以人为给出激励函数，而且在实际的多步强化学习中设计奖赏函数是相当困难的。例如，兵棋推演环境只针对动作进行规则判断以及交战决策，并不在交战之后提供任何奖励信息，只会在我方算子到达夺控点或全歼敌方算子之后发送胜利信息，或者敌方算子到达夺控点或我方算子被全歼之后发送失败信息，推演状态的具体步骤如图 1-3 所示。也就是说，训练过程中的每一步都是无奖励的，这就是奖励稀疏性。稀疏奖励问题是深度强化学习在解决实际作战任务中面临的一个核心问题，其本质是在深度强化学习过程中，训练环境无法对智能体参数更新起到监督作用。在监督学习中，训练过程由人类进行监督；在强化学习中，奖励承担了监督训练过程的作用，智能体依据奖励进行策略优化。

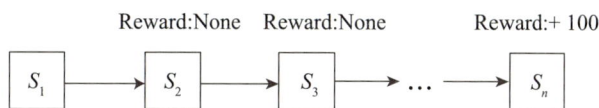

$$Reward:None \quad Reward:None \quad Reward:+ 100$$

$$\boxed{S_1} \longrightarrow \boxed{S_2} \longrightarrow \boxed{S_3} \longrightarrow \cdots \longrightarrow \boxed{S_n}$$

图 1-3　对抗对抗仿真环境奖励示意图

稀疏奖励的问题给算法收敛带来了一定的负面影响，甚至导致算法无法收敛。经过分析推演环境可以发现，额外奖励法可解决稀疏奖励问题，即对单步的好坏进行评价，对 Agent 给予额外的奖励。这就是基于领域知识由指挥决策人员人为设定相应量化数值来进行奖赏数值的设计。

1.4.4　基于 DRL 的作战任务规划模型可解释性问题

基于 DRL 技术训练生成的深度神经网络模型可以是最优行动序列决策状态 – 动作值函数 $Q(s,a)$ 下的策略，也可以是对学习训练直接得到的策略函数 $\pi(s,a)$ 进行的描述。对于作战任务规划这种连续变化的战场态势和巨大的离散行为决策空间，一般要对连续的状态空间进行离散化处理或采用非线性值函数近似的办法进行求解。但随之带来的问题就是深度神经网络模型的可解释性问题。深度强化学习在作战任务规划领域的应用前景良好。然而，深度学习常被视为一个"黑盒"，其生成的策略方案可解释性差。利用深度学习进行作战任务规划时，往往需要知晓算法所给出结果的依据。因此，透明化深度学习的"黑盒子"使其有可解释性具有重要意义。在机器学习和数据挖掘场景中，可解释性被定义为"向人类解释或呈现可理解的术语的能力"。可解释性是人类与决策模型之间的交互接口，它既是决策模型的准确代理，又是人类可以理解的。在自上而下的机器学习任务中，模型通常建立在一组统计规则和假设之上，因而可解释性至关重要。此外，模型可解释性是验证假设是否稳健以及所定义的规则是否完全适合任务的重要手段。与自上而下的任务不同，自下而上的机器学习通常对应手动和繁重任务的自动化，即给定一批训练数据，通过最小化学习误差，让模型自动地学习输入数据与输出类别之间的映射关系。在自下而上的学习任务中，由于模型是自动构建的，用户不清楚其学习过程，也不清楚其工作机制，可解释性旨在帮助人们理解机器学习模型是如何学习的，它从数据中学到了什么，针对每一个输入，它为什么会做出如此决策以及它所做的决策是否可靠。目前，可解释性研究还处于初级阶段，依然有大量的科学问题尚待解决。为了缓解机器学习的不可解释性问题，DeepMind 提出关系强化学习（Relational Reinforcement Learning，RRL）的概念。RRL 的核心思想即通过使用一阶（或关系）语言表示状态、动作和策略，将强化学习与关系学习或归纳逻辑编程结合起来。从命题转向关系表征有利于目标、状态和动作的泛化，并可以利用早期学习阶段中获得的知识。

基于深度强化学习的 COA 自动生成技术在近年来雅达利、围棋、星际争霸等游戏领域取得巨大成功，然而由于其在深度学习中引入多隐层来训练多维数据的拟合，其在深度神经网络参数训练时带来了诸多不可解释性的难题。这种困难在于通过对海量指挥决策数据进行强化训练而获取的"知识"通常以多层隐性神经元参数"权重"与"偏置"的形式存在于模型中，而且在弥合损失函数偏差过程中通常采用正向或反向链式求导的随机梯度下降算法，这就存在调参和估参难的诸多难题，从而给人为主导性的超参数学习带来了不便。基于深度强化学习训练得到作战行动序列预测模型的做法为作战计划生成和适应性调整带来诸多难题。因而，指挥决策人员期待在训练拟合生成深度神经网络行动决策模型中能够清晰地找到输入变量与输出结果的"因果逻辑关系"，即知道"为什么"导致了输出方案的变化，这样才能使之真正用于实战化方案优化与评估。为此，伴随着深度强化学习在军事领域的应用，DRL 的可解释性问题成为一个绕不开的难题。目前来看，将深度强化学习和因果模型相结合，通过构建数据与知识混合驱动的智能体行为决策 DRL 因果逻辑推理模型，并给出关联、介入和反事实三个层面解释因果和关联关系是赋予深度强化学习可解释性的可行方法。

第 2 章　基于分层强化学习的作战任务规划框架

　　面向作战任务的智能规划问题求解是智能化指挥控制需解决的核心问题，也是指挥信息系统智能化亟待解决的关键问题。分而治之是人类面向复杂任务决策通常采取的解决思路，也是计算机工程领域解决复杂问题的基本方法之一。指挥信息系统工程实践表明，采用分层设计思路与技术策略可以将复杂问题简单化，进而在工程实践中取得显著效果。运用分层思维与方法解决智能任务规划中的任务分解与动作空间约简问题是我们在指挥控制工程实践探索中取得的基本经验。

2.1　基于分层强化学习的作战任务规划框架设计

　　传统的强化学习（RL）通过试错与环境交互获得策略的改进，其自主学习和在线学习的特点使其成为机器学习研究的一个重要分支。然而，面对复杂的任务规划问题时，强化学习方法往往存在以下几个问题：①在复杂的环境中，状态空间和动作空间十分庞大，导致传统 RL 方法一直被维数灾难所困扰，即学习参数个数随状态、动作维数呈指数级增长。②现在的强化学习方法通过对低级动作执行粗暴的搜索来运行，需要大量实践才能完成新的任务。但当遇到复杂的任务时，这些方法往往需要数百万个低级动作才能完成任务，导致时间成本大，效率十分低下，有时甚至得不到训练结果。③当复杂任务需要经过一个很长的路径才能完成时，往往会在奖励信号反向传播过程中导致奖励信号稀疏和延迟的问题。为了克服上述问题，要通过引入抽象机制将强化学习任务分解到不同层次的子任务中，这样每层的学习任务仅需在较小的空间中进行，从而大幅度减少了学习的数量和规模，这种方法被称为分层强化学习（Hierarchical Reinforcement Learning，HRL）。这种学习思想也印证了人类在解决庞大复杂的任务时的逻辑思路，即将大的任务分解为一些小的任务，然后通过逐个解决小任务来快速完成新任务。

　　HRL 方法将任务分解为不同层次的子任务，并学习不同层次的子策略，最终将这些层次化的策略组合形成全局策略。因此，HRL 的本质在于将动作集进行扩展。除一些基本动作外，HRL 的动作集还包含宏动作（由一系列基本动作组成）。这样，受训者不仅可以选择执行基本动作，还可以执行宏动作。这种处理复杂任务的逻辑思维完美地契合复杂作战任务规划的解决思路，能有效解决利用强化学习进行辅助规划时存在的状态空间和动作空间维数庞大以及奖励稀疏问题。然而，当面对整个作战过程中更加宏大的作战任务时，直接利用 RHL 可能存在计算负担的问题。为此，本章将在利用 RHL 辅助决策前，通过分层任务网络对复杂作战任务进行宏观的分解，得到一些子任务。这能有效提高整个作战规划的效率。鉴于此，基于分层强化学习思想的作战任务规划框架设计如图 2-1 所示。

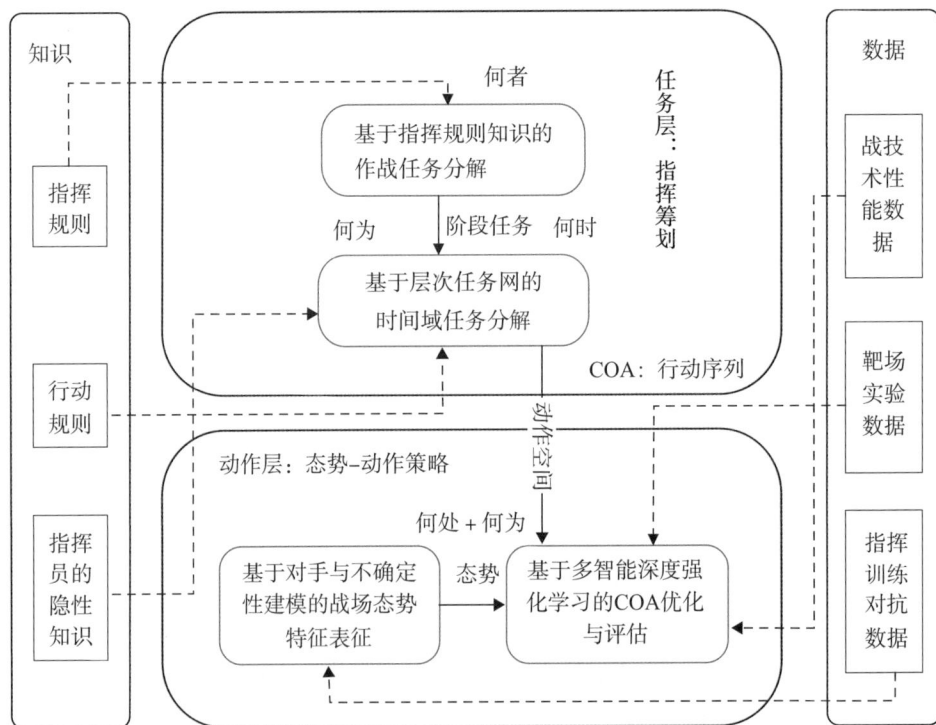

图 2-1　面向复杂战场态势的作战任务规划框架

在这个框架中，智能指挥决策框架可分为两个步骤实现，即宏观的作战任务规划和微观的态势 - 动作策略。宏观的作战任务规划指利用层次任务网（Hierar-chical Task Network，HTN）将智能体的复杂任务分解为一系列可执行的子任务，这些子任务可表示为一系列短序列的动作。微观的态势 - 动作策略指运用深度强化学习算法对分解得到的可执行动作进行优化控制，实现对态势 - 策略网的学习。其中，我们针对深度强化学习过程中复杂战场态势特征提取与形式化表达的问题，提出了以作战任务、敌我双方情况与战场环境为关键特征向量的战场态势建模方法，再利用对手和不确定性建模方法构建基于部分可观察战场态势特征的指挥决策模型。

2.2 基于层次任务网的作战任务分解

层次任务网络（HTN）是一种基于知识的规划方法，其目的在于将一个复杂或高级的任务分解为各个子任务，直到得到一系列可直接执行的动作（动作序列）。HTN 的基本思想是根据领域知识，将复杂任务扩充为由子任务构成的网络。这种扩充是一种根据约束条件将任务分解为部分有序的任务网络的映射。在每次进行扩充后，HTN 会寻找冲突，并将其强加到约束中，结合或消除操作。将 HTN 技术融入作战任务智能规划过程在工程领域已经取得较好的效果。我们要先解决的问题就是将复杂的作战任务进行子任务或宏任务的分解，如图 2-2 所示。

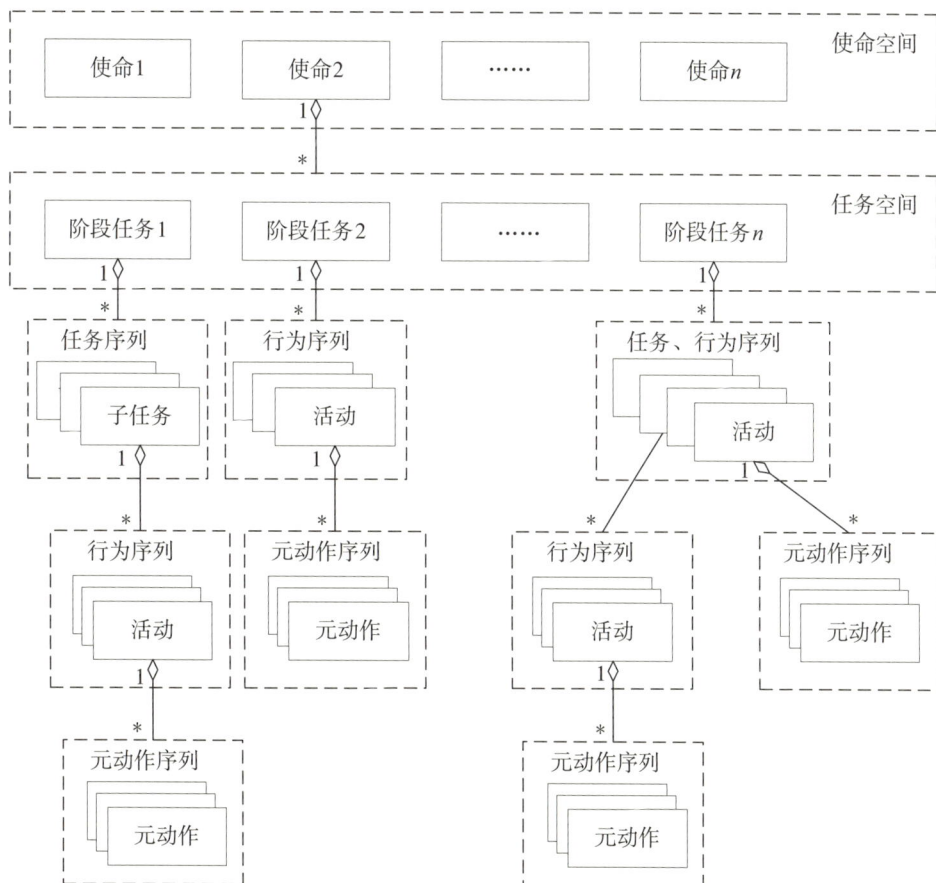

图 2-2　复杂作战任务空间分解示意图

与传统规划方法不同，层次任务网络思想的精髓在于根据领域知识所描述的方法对一个复杂的任务进行分解。由于其充分利用了丰富的领域知识，更贴近现实生活中进行分析问题和决策的思维方法，能够对现实规划问题进行合理的表达，层次任务网络容易在实际中应用。此外，相较在状态空间的搜索，层次任务网络中由领域知识构成的搜索空间更小，能有效解决一个复杂任务面临的状态空间维数灾难问题，为规划求解带来了极大的方便。因此，层次任务网络能在实际的大规模事件中得到有效的应用，并得到不错的应用效果。例如，层次任务网络系统 SIADEX 被应用到了森林防火，层次任务网络与 POCL 规划方法结合以解决抗洪救灾中的规划问题，等等。

面对复杂的作战任务，状态空间和动作空间也存在维数灾难问题。因此，利用层次任务网络对一个复杂的作战任务在宏观上进行任务分解是一件势在必行的事情。这也符合作战任务规划技术框架，为微观的基于深度强化学习的作战任务规划打下了良好的基础。

在层次任务网络方法中，一个规划问题通常描述为四元组 $P=(s_0, w, O, M)$，其中 s_0 表示初始状态，w 表示任务网络，O 表示动作集合，M 表示方法集合。任务网络 w 表示任务的层次结构，描述了任务之间的约束，被定义为 $w=(U, C)$，其中 U 表示任务网络中的任务集合，C 表示任务间的约束集合。任务网络可作为一个任务是否可分解的判断依据。只有当一个给定的任务完成了任务网络中所提到的行为并且满足由网络指定的约束时，才能说明这个任务是可分解的。与经典规划方法相比，层次任务网络规划增加了一个方法集合，其作用在于指导系统如何将一类复杂的任务分解为更小的子任务（可能有偏序约束）。在层次任务网络中，任务主要分为两类：原始任务和复合任务。如果任务是原始的，则任务都可以直接执行；如果为复合任务，则将其分解为细化的子任务。原始任务和复杂任务具体介绍如下：

原始任务是一个可以直接执行的基本动作，其可直接执行的性质是与其他任务之间的最大区别。动作被定义为元组 $A=(name(a), pre(a), eff(a))$，其中 $name(a)$ 为动作的名称；$pre(a)$ 为由一阶命题构成的前提，若它蕴含于相应的状态，则在该状态中执行；$eff(a)$ 为由一阶命题构成的效果，表示在相应的状态中执行动作后的效果，可表现为添加或删除的效果。

复合任务是非原始任务，由一系列更简单的任务组成。复合任务只能通过任务网络来指定其他任务。也就是说，复合任务的分解需要利用一个子任务网络代替原始的复杂任务结构。这种分解方法描述为：$m=(name(m), task(m), subtasks(m), constr(m))$，其中 $name(m)$ 是方法的名字，$task(m)$ 是这个方法所能解决任务的名字，$(subtasks(m), constr(m))$ 是利用该方法将复合任务分解后得到的子任务网络。

规划过程指从分解初始任务网络开始，一直到所有复合任务都分解完毕，即找到解决方案为止。解决方案是一个计划，相当于一组适用于初始世界状态的原始任务。由此可见，规划过程的本质就是递归地将所有非原始任务分解成一系列可直接执行的原始任务。

目前，基于层次任务网络的规划器在实际问题解决中得到了很多优秀的结果，如前向规划器 SHOP、SHOP2。为更好地展示层次任务规划网络的原理，此处以基于分层任务网络的 SHOP2 智能规划器为例。SHOP2 的分解和规划实例如图 2-3 所示。

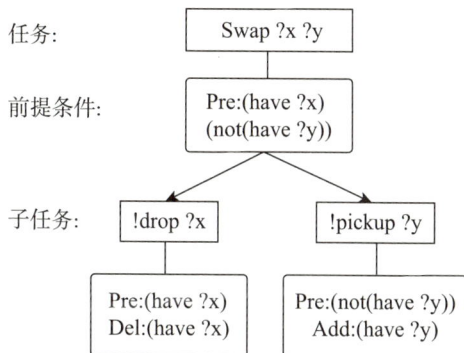

图 2-3　基于 HTN 的 SHOP2 规划器实例

在图 2-3 中，需要分解的任务是用 y 替代 x，表示为 (swap ?x ?y)，存在前提条件 (have ?x) 以及 (not(have ?y))。换而言之，只有当前提条件 (have ?x) 和 (not(have ?y)) 都满足时，任务 (swap ?x ?y) 才能进一步分解。此任务可分解为两个子任务 (!drop ?x) 和 (!pickup ?y)，其中 ! 用来标注原始任务。原始任务 (!drop ?x) 的前提条件为 Pre：(have ?x)，并且执行完任务后要删除列表 (have ?x)。另一个子任务 (!pickup ?y) 的前提条件为 Pre：(not(have ?y))，并且在执行完任务后需要添加列表 (have ?y)。由此可见，子任务之间的执行顺序为先执行 (!drop ?x)，后执行 (!pickup ?y)，在图中用粗箭头表示。也就是说，机器人在满足 (have ?x) 和 (not(have ?y)) 时，要先执行 (!drop ?x)，把 ?x 删掉，此时也要把列表 (have ?x) 删去，然后再执行 (!pickup ?y)，拥有 ?y 后需要添加列表 (have ?y)。

根据上述分析，一个复杂的作战任务也可根据领域知识得到相关约束条件和子任务，然后根据分层任务网络将其分解，得到一系列原始任务。

2.3　基于强化学习的作战任务规划模型

根据战场态势感知数据的特点，基于领域知识规则对战场态势特征进行定义，可以构建一个包括输入层、多层隐含层以及输出层的多层神经战场态势感知模型，并综合分析战场态势数据的高维度、随机性和复杂性等因素，通过学习训练得到表征输入的更加复杂的特征。态势特征的提取及使用的一般流程如图 2-4 所示，其中特征提取和特征表示是利用深度神经网络进行特征建模的关键过程。

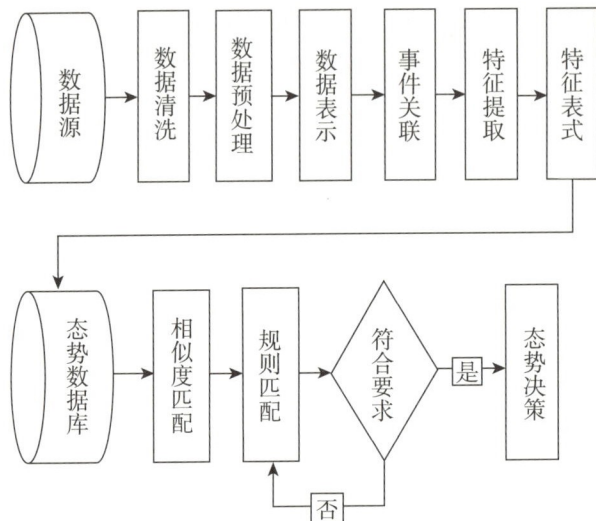

图 2-4　战场态势感知的特征建模方法

2.3.1　复杂战场态势特征表示的基本过程

利用人工智能技术可以提取众多战场数据中隐含的关系和知识等特征态势，发现对手的作战意图，并可进一步根据历史信息与当前状态来分析推理对手的作战意图和可能决策。目前，国内相关研究团队在交战态势分析和辅助决策方面做了大量的研究，并且取得了很多实用的成果，可在已知敌方作战意图的基础上，预测敌方行动方案的可能性，为指挥员指挥决策提供依据。我们在基于 DRL 的任务规划中，将战场态势特征分析过程分为态势获取、态势定义、态势表示三部分。其中，态势获取是态势特征模型定义的输入环节，态势表示则是态势定义的后续阶段，表现为战场态势的可视化和共享利用等。战场态势特征分析在很大程度上取决于态势知识库中的内容、结构及其表示形式。如图 2-5 所示，态势知识库是基于现有的基本态势数据构建并更新的。

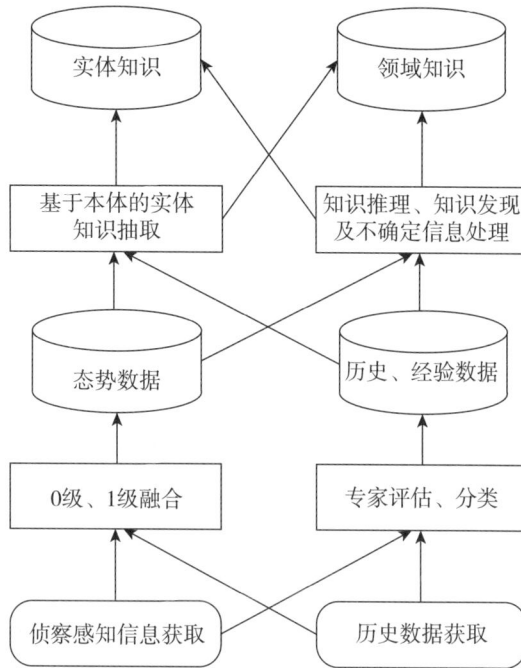

图 2-5　态势特征建模过程

　　这里将战场态势特征知识分为实体知识和领域知识两类。其中，实体知识是在历史和当前态势数据之上的通过规范化描述方法对战场态势的组成要素（兵力、武器部署、环境等）及其关系的表达，具体包括敌我双方作战的部队建制、人员构成、装备组成、功能性能、位置 / 轨迹、任务内容、作战环境以及实体间基本连接关系的静态数据。战场态势领域知识是根据具体作战领域、场景约束，围绕双方兵力部署、武器装备效能、作战企图、战法战术规则等态势知识的建模需求构建的关于作战领域的数据库，主要包括先验知识库、目标分群知识、目标价值知识、作战能力知识、威胁知识、关键事件知识、态势趋势预测知识以及敌我作战意图知识等。

　　支持态势特征生成的知识模型分为事实和规则两类。事实知识用于表示静态态势模型，一般使用三元组（对象，属性，值）或（关系，对象 1，对象 2）来表示事实，考虑信息的不确定性，需要加入置信度 / 概率 / 模糊度等不确定度量并用四元组表示。例如，可用以下三元组表示敌方坦克位置事实态势：（对象：坦克；位置属性：112.653210，27.567812；敌我属性：敌方）；若考虑置信度度量，则用（对象，属性，值，置信度）四元组列表来表示：（对象：坦克；位置属性：112.653210，27.567812；敌我属性：敌方；0.60）。规则知识用于表达实体状态、行为间因果关系的动态知识，常以 "if…then…" 的形式表示。考虑关系的不确定性推断，需要在规则中体现出因果关系的不确定性因素。以可信度形式为例，规则的表示方法的基本形式是 if A then B（CF（B，A）），其中 A 代表一组前提或状态，B 代表若干结论或动作，CF（B，A）是该规则的可信度。

2.3.2　作战任务规划中不确定性与对手建模

面向不完全态势的战场特征，在形式化表征对手状态信息过程中，有多种可供选择的建模方法。目前，在不完全信息条件下的强化学习过程中，依据对手的经验性数据来拟合对手的轨迹模型，或通过领域知识与数据引导相结合的方法构建对手的不确定模型，进而在既定概率分布抽样下表示对手的状态表征，这已经在实验中表现出了很好的效果，但需要有效数据集和指挥决策对抗领域知识的支持。

1. 任务规划中的不确定性量化

相较围棋、国际象棋等态势公开的完全信息博弈，大多军事领域的规划问题是不完全信息博弈，交战双方的某些信息多处于不公开状态，并难以获取敌方的隐私信息，博弈过程存在显著的不确定性，此类博弈称为不完全信息博弈。

目前针对不完全信息博弈的解决方案有两种：一种方案是纳什均衡，如 CFR；另一种是在线端到端学习方法。前者所面临的问题在于需要以广泛的特定领域知识为前提，在抽象过程中不仅要消耗相当大的人力、时间等资源，所得到的结果也只是粗略的近似值，并不能准确反映真实值，同时抽象的表格等形式在应对不同甚至更加复杂的问题时缺乏适应性。后者使用神经网络对函数进行逼近，而不是使用纳什均衡中的抽象形式，是不依赖模型的在线算法。这一方法仍然存在难点，一般端到端的强化学习算法虽然能在完全信息博弈中取得优异的成绩，但是不能在不完全信息的非马尔可夫博弈中达到最优策略。为了解决上述问题，不确定性建模给出了一种解答。

中山大学余超教授团队在《不完全信息博弈对抗中深度强化学习的不确定性与对手建模问题研究》一文中对此进行了实验，实验基于德州扑克游戏，在端到端的强化学习训练中对量化方法和不确定性因素展开研究。实验结果表明，对不确定性进行建模并纳入策略学习过程的效果十分明显，最终集成不确定性建模和对手建模的学习算法可以击败不完全信息博弈中最先进的算法，如 RPG、QPG、NSFP 和 Deep CFR 等。在不完全信息博弈中，不确定性建模具有广阔的探索和应用前景，是人工智能领域极具价值的研究方向。

他们认为，不确定性是可以使用数学模型和实验测量的概率随机性，定量表征和减少不确定性对不完全信息博弈来说非常重要，因为这不但可以使算法规避风险，而且更加稳定有效。不完全信息博弈中的不确定性可以分为两种类别：由固有统计随机性造成的随机效用的不确定性和缺乏环境认知导致的认知模型不确定性。随机效用的不确定性表示博弈结果不是固定的，具有可变性；认知模型的不确定性描述的是决策者对整个环境态势的认知水平。不完全信息博弈中存在错综复杂的环境和庞大的动作空间，引入上述两类不确定性表示方法，能够多方面囊括由不完全信息博弈引起的复杂且抽象的不确定性因素，以满足信息获取不完全的实际问题的需要。以上是对不确定性的表征方法，接下来看团队如何量化这两种不确定性。

（1）随机效用的不确定性

根据不确定性的方向，随机效用的不确定性可以采用前向和后向两种不同的量化方法。考虑到随机效用在未来变化的可能性，也就是执行某个动作后在随机效用的作用下，未来能够获利的概率，使用前向不确定性进行定量表征，这一不确定性用变量的方差来描述。前向随机效用不确定性 $\eta_1(s,a)$ 可以表示为

$$
\begin{aligned}
\eta_1(s,a) &= \sigma^2\big[u(s,a)\big] \\
&= \sigma^2\big[R(s,a)+\hat{u}\big] \\
&= \sigma^2\big[R(s,a)\big]+\sigma^2\big(u_{s'}-u_s\big)+2\mathrm{cov}\big[R(s,a),\hat{u}\big] \\
&= \sigma^2[R(s,a)]+\sigma^2\big(u_{s'}\big)+2\mathrm{cov}\big[R(s,a),\hat{u}\big]
\end{aligned}
\tag{2-1}
$$

其中，s 是智能体的当前状态，a 是智能体在状态 s 中采取的行动，s' 是智能体采取行动 a 后到达的新状态，$R(s,a)$ 是动作的直接奖励，$\hat{u}$ 是新状态 $u_{s'}$ 和当前状态 u_s 的期望效用的差值。

在不完全信息博弈中，由于信息不完全而导致的决策损失可以用来表示不确定性水平，即在过去的决策中如果选择了某个动作，获得的奖励高于当前动作的概率，这是一种后向不确定性量化方法，决策损失越大，不确定性水平越高。为了显示智能体在不同情形中获得更多收益的可能性，设置决策损失为最大抽样值与真实值之间的差值。

（2）认知模型的不确定性

认知模型的不确定性受认知水平影响，因此如果能够获得更多关于态势的信息，就可以大幅度降低模型的这一不确定性。当智能体采取某一行动时，认知模型的不确定性可以用模型中信息熵的减少量来表示：

$$
\eta_2(s,a) = \int p\big(s_i'\big)\Big[\log\rho\big(s_{1:n-1}s\big)-\log\rho\big(s_{1:n-1}ss_i'\big)\Big]\mathrm{d}s_i'
\tag{2-3}
$$

其中，ρ为概率密度函数，$s_{1:n-1}$为过去$n-1$个连续的状态序列，$s_{1:n-1}s$为到达状态s时的状态序列，$s_{1:n-1}s'$为从状态s到新状态s'的状态序列。

在对不确定性进行表征和量化后，将上述两种不确定性纳入算法中，从而学习具有不确定性的最佳应对策略。随机效用的不确定性用于奖励函数的计算，以衡量智能体在采取行动后获得的奖励与可能面临的风险，分别用随机效用的均值和方差表示，奖励函数如下：

$$R = \frac{\hat{R}(s,a)}{U[\alpha_1\eta_1(s,a) + \alpha_3\eta_3(s,a)]} \quad\quad (2-3)$$

其中，$\eta_3(s,a)$是后向随机效用不确定性，$U[\cdot]$是计算单步不确定性的算子。

对于认知模型的不确定性，作为智能体进行模型探索的驱动力需要被尽可能地减少，根据量化方法，也就是最大化模型中信息熵的减少量之和，实现探索和利用之间的平衡。

2. 作战任务规划中的对手建模

作战指挥对抗中，敌方快速动态变化的行动会增加作战分析人员和计划人员准确预测敌方潜在行动的难度。作为计划制订过程中不可分割的组成部分，分析人员需要针对敌方可能采取的行动，评估己方的计划策略。当给定 COA 中的第一个决定被实施时，相关人员必须基于新的态势评估后续的决定。这种依次发生的行动 / 应对行动概念要求建立预测性的敌方模型，这些模型对评估计划中的军事决定至关重要。为使 COA 或敌方行为分析更好、更广泛地为军事分析人员和计划人员所用，必须合并能精确预测潜在的敌方行动的敌方行为模型。传统的兵棋推演中，敌方行动通常都按一定顺序设定好，不会因友方的应对行动而动态地发生变化，而且一般只针对极有可能或最具威胁的敌方 COA 评估友方 COA。兵棋推演的一项巨大挑战是，预测和评估友方行动如何影响敌方行为的结果以及这些行为结果又如何影响敌方指挥官的决策和未来的行动。

目前正在研究将敌方工具作为确定敌方应急行为的预见性仿真的核心组件是否可行。应急行为是指仿真中敌方为应对友方行动而智能地生成的动态行动。具有不同信念机制的多种敌方工具能自动生成不同的行动和应对行动，其目的是在 COA 分析中使用智能敌方模型生成多种可能的结果。任何敌方建模能力都面临着大量的不确定性，这些不确定性贯穿动态环境中的整个决策过程。通常来讲，模型都较为抽象，以反映敌方的信念、目标和意图，所有这些信念、目标和意图都基于友方对敌方的判读。敌方决策过程的不确定性使友方针对敌方各种可能的 COA 评估自己多种应对性的 COA 成为必要。而且，基于分析人员对敌方的判读，针对友方的一种行动，敌方可能采取的应对行动有多种。掌握这些行动 / 应对行动的动态对 COA 分析过程十分重要。通过在交战之前或交战期间仿真各种 COA，敌方一旦实施某种行动，友方便可能评估出其结果。这能使决策人员更好地应对敌方动态和多变的行动，做出正确的响应。

到目前为止，针对敌方动态应急行为有两种应对方案，且均已进行评估。第一种方案是使用推断系统框架推断出动态行为产生的前提或假设。推断系统基于贝叶斯判决规则的信念网络，能从敌方的信念、观念、偏见和希望实现的目标等透视图把握敌方的总体行为。敌方建模系统输入来自仿真系统的感知信息，并以可能性大小的顺序推断出敌方的目标和意图。从这些目标和意图可以预测敌方的行为和随之会采取的行动。第二种方案是使用级联计划和基于规则的技术。敌方模型将基于目标、行动、判断和行为（包括文化和超认知等方面因素）等属性。这些属性将被模型执行引擎捕获。执行引擎将与仿真集成，负责动态地确定敌方会基于敌方模型和被仿真环境的当前状态采取何种行动。这两种方案以发生的可能性为标准，对敌方可能的行动进行排列。

本书主要讨论基于对手动作行为特征预测建模方法，特别是结合自 2017 年以来全国兵棋大赛积累的高水平的人人博弈对抗数据，从作战诸要素出发构建对对手的智能预测模型，实现对对手行动的建模。基于对抗交战条件下的作战任务规划，对手行为模型的合理性事关战场态势模型的有效性，从而直接影响强化学习中值函数的计算。对手行为建模是在对抗环境下考虑如何对除自己以外的其他参与者进行行为建模，这是一种典型的行为预测技术，其主要的建设内容是近年来我们在智能化指挥信息系统建模工程中强调的"智能蓝军"任务规划建模技术。当前对手建模的主要方法有策略重构（Policy Reconstruction，PR）、类型推理（Type Reasoning，TR）、行为分类（Action Classification，AC）、行为识别（Action Recognition，AR）、递归推理、图模型、群组建模、集群建模等。此外，隐式建模、假设检验和安全最佳反应等方法也常被使用。

对手建模的重点是意图（企图）识别（Intention Recognition，IR）。意图识别研究框架如图 2-6 所示。

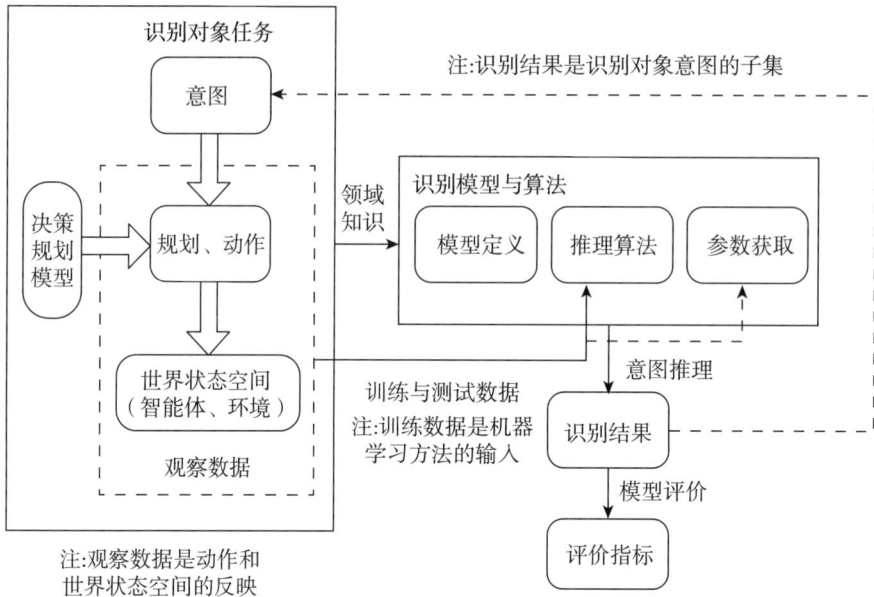

图 2-6　强化学习中的对手意图识别过程

被识别方依据不同任务下的决策规划模型，规划每个步骤的动作并改变世界状态空间。在识别方的意图识别过程中，先定义模型，然后观察被识别方的这种动作和世界状态空间的转移，这些观察数据一方面用于获取被识别方的行为模型参数，另一方面用于计算被识别方的意图概率。最后使用评价指标，对比意图识别结果与被识别方真实意图，用于评价意图识别模型。

其中，该框架中的五个要素如下：

（1）观察数据，即被识别方的这种动作和状态转移数据。

（2）识别对象任务，包括被识别方意图、决策规划模型、采取的规划和动作及其状态变化。意图识别问题在某些情况下可以直接获取，在另一些情况下则需要通过机器学习等方法构建模型。

（3）识别模型与算法，是由观察输入产生被识别方意图结果的过程，由形式化定义、推理算法与参数获取三个部分构成。

（4）识别结果，使用推理算法，计算观察数据下被识别方的意图概率。

（5）评价指标，其中评判意图识别效果的常用指标包括准确率、召回率、F 值（F-Measure）等。

根据识别方与被识别方是否存在竞争或合作关系，将意图识别分为对抗识别、针对识别和未知识别。意图识别的研究由问题背景研究和理论研究组成，如图 2-7 所示。其中，问题背景研究包括形式化描述、特征分析、数据生成。当接到对象任务时，先要分析任务的特征，包括观测信息类型与质量、约束关系等。

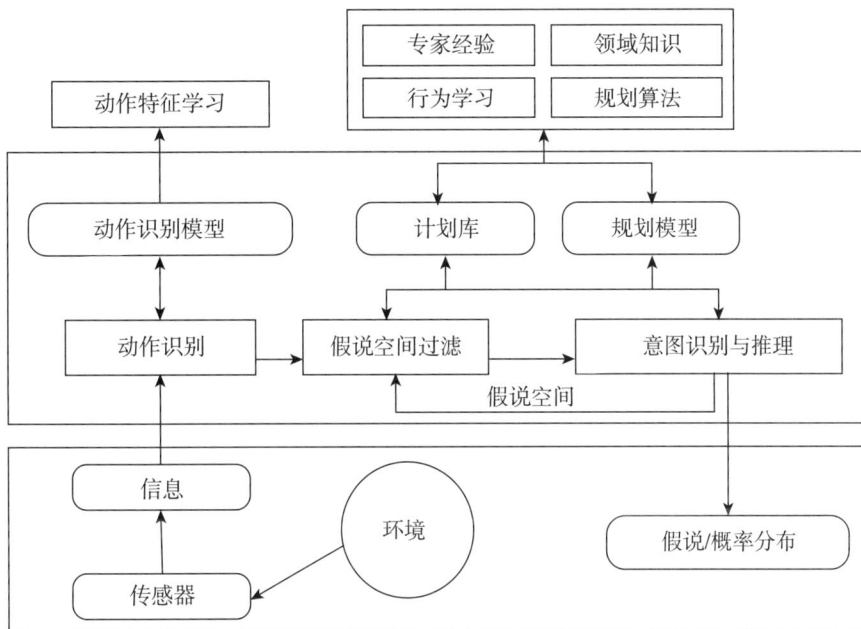

图 2-7　对手意图识别行为建模框架

当前意图识别主要有以下三大范式：一是基于规划理论的识别范式，这是一种典型的符号式确定性意图识别方法。此类方法在计算上是有效的，但需要丰富的领域知识，并对观察到的智能体的偏好做出强有力的假设。二是基于效用理论的识别范式，通常基于马尔可夫决策过程和博弈论等理论实现，为对抗博弈场景下意图识别与应对规划提供了新的模型与求解方法。三是基于学习理论的识别范式。策略识别方法、强化学习均可用于学习行为模型，基于代价的深度学习方法可用于预测后续行动。基于强化学习的对手行为建模方法是近年研究的热点，并从对手的动作、偏好、信念等维度提出了一系列强化学习策略。

这里只介绍与本书相关的基于对手动作行为特征预测建模方法。动作预测指的是通过重建对手的决策方法来预测对手的未来动作。其基本思路如下：先建立一个初始的对手模型，可以初始化一个随机模型或引用已知特定参数的一个对手模型作为初始模型，然后基于与对手的交互过程，不断地对模型参数进行调整，最终拟合出与观察结果相符的对手模型。面向动作预测的对手建模主要包括基于动作频率的方法和基于相似性推理的方法。

基于动作频率的对手动作预测方法主要是基于历史交互信息对未来出现相同状态的对手动作进行预测。通过此方法可以在决策开始的时候就建立一个相对理性的对手智能体，避免将一无所知的随机对手模型作为初始模型。但该方法主要处理历史出现过的状态，难以预测没有遇到过的未来状态。基于相似性推理的方法可以在一定程度上解决这个问题。该方法的基本思路如下：先将历史状态归结为不同的情形，记录这些情形以及智能体遇到该情形时所采取的动作，然后构造相似性函数来评估不同情形的相似程度，最后当遇到新的情形时，依据相似函数判定最相近的情况并预测相应的可能动作。基于相似性推理方法的关键问题就在于相似度函数的设计。通常决策情形（或案例）包含多个属性的向量表示，相似度函数定义为向量之间的某种差异运算，且能够根据对手特征进行自动优化。有研究人员将相似度函数定义为两个给定决策情形的属性差异的线性加权。具体而言，案例的相似性定义如下：

$$sim(C_1, C_2) = \sum_{i=1}^{n} \left[\omega_i \Delta \big(p(i, C_1), p(i, C_2) \big) + \omega_i' \Delta \big(v(i, C_1), v(i, C_2) \big) \right] + \omega_0 \Delta \big(bp(C_1), bp(C_2) \big) + \omega_0' \Delta \big(bv(C_1), bv(i, C_2) \big)$$

$$(2-4)$$

其中，C_1 和 C_2 是要比较的两种决策情形（或案例），$p(i, C_j)$ 和 $p(i, C_v)$ 是对手 i 在 C_j 情形下的攻击能力，$bp(C_j)$ 和 $bv(C_j)$ 是目标在 C_j 情形下的攻击和机动特性，$\Delta(A, B)$ 表示 A 到 B 的欧氏距离。ω_k 和 ω_k' 表示攻击能力和机动能力的权重，且 $\sum_{i=0}^{22}(\omega_k + \omega_k')$。权重反映了属性的相关性和影响能力，是基于对手的目标和描述子目标与情形属性间的依赖关系的"目标依赖网络"，通过学习得到。实验结果表明，这种基于对手目标而自适应调整的相似性度量增加了推理系统的预测准确度。相对于大规模决策问题，需要解决的另一个问题是如何高效地存储和检索这些决策情形。为此，有研究人员提出一种基于树搜索策略的决策情形检索方法。

上述方法的共同点是都基于观测到的历史信息，由此可能带来的一个问题是指数级的空间复杂度。因此，需要寻求其他表示方法，如基于深度神经网络模型训练的深度学习方法。研究人员在多智能体强化学习（MADDPG）算法（图 2-8）中引入了双向长短期记忆神经网络（Long Short-Term Memory，LSTM）。

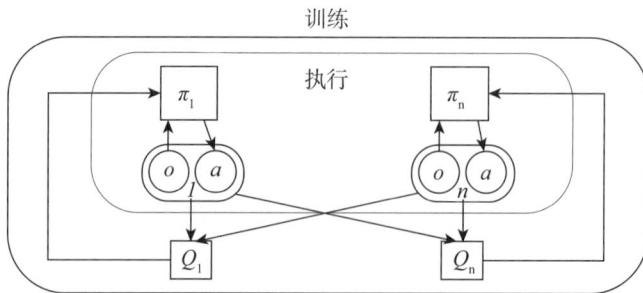

图 2-8　多智能体强化学习（MADDPG）算法框架示意图

2.3.3 战场态势特征深度神经网络建模

在对手行动预测基础上，就可以将对手状态特征进行量化表征，进而补全深度强化学习中的战场态势，构建作战任务规划的 POMDP 模型。为有效提取战场态势特征，我们采用高斯–伯努利受限玻耳兹曼机（Gaussian–Bernoulli Restricted Boltzmann Machine，GB-RBM）。GB-RBM 是一个包含可见层和隐含层的随机神经网络，可见层与隐含层之间采用全连接的形式。在 GB-RBM 中，可见层的随机变量为含有高斯噪声的线性变量，隐含层的随机变量服从伯努利分布（由二值单元构成隐含层）。因此，GB-RBM 能够将可视节点（二进制）转为具有高斯分布的实数节点，其能量函数的计算公式如下：

$$E(v,h\,|\,\Theta)=\sum_{i=1}^{I}\frac{(v_i-a_i)^2}{2\sigma_i^2}-\sum_{j=1}^{J}b_jh_j-\sum_{i=1}^{I}\sum_{j=1}^{J}\frac{v_i}{\sigma_i}w_{ij}h_j \tag{2-5}$$

其中，v 和 h 分别表示可见层和隐含层的随机变量，I 和 J 分别为可见层和隐含层的节点数，$\Theta=(W,a,b,\sigma)$ 表示深度神经网络的参数集合，$W=\{w_{ij}\}$ 为连接权重矩阵，a 和 b 分别为可见节点和隐含节点的偏移量，σ_i 为高斯函数节点中的标准差向量。GB-RBM 的可视节点条件分布服从高斯分布，表示如下：

$$P(v_j=v\,|\,h)=N\left(b_j+\sigma_j\sum_j h_jw_{ij}\sigma_j^2\right) \tag{2-6}$$

其中，$N(\mu,\sigma^2)$ 为均值 μ、标准差 σ 的高斯分布。GB-RBM 隐藏节点的条件概率如下表示：

$$P(h_j=1\,|\,v)=\mathrm{Sigmoid}\left(\sum_i \frac{v_i}{\sigma_i}w_{ij}+b_j\right) \tag{2-7}$$

由于 RBM 采用的建模方式为把隐藏节点的数据作为输入，故采用 RBM 的期望值为网络态势数据的特征，计算公式如下：

$$E(h_j\,|\,v,w)=P(h_j=1\,|\,v,w) \tag{2-8}$$

采用 RBM 提取数据特征的一个优势在于可以将 RBM 组成一个深度信念网络（DBN），由 DBN 可以抽取更加抽象的数据特征。DBN 的工作原理如下：利用 RBM 抽取源数据的特征，将下一层的输出数据特征作为上一层 RBM 的输入，将以上两个步骤循环进行尽可能多的层数，通过梯度下降更新参数和权重偏置来增强 DBN 的抽取性能，达到自动提取特征的目的。

2.3.4 作战任务智能规划的 POMDP 模型

马尔可夫决策过程（Markov Decision Processes，MDP）模型是强化学习方法的基础。部分可观察马尔可夫决策过程（Partially Observable Markov Decision Process–

es，POMDP）是环境状态部分可知且在动态不确定环境下构建序贯决策的理想模型，可以用来描述并解决很多实际的不确定环境中序列决策问题，其核心在于智能体无法知道自己所处的环境状态，需要借助额外的传感器，或者通过与其他智能体进行交互等方式来获知自己的状态，能够客观、准确地描述真实世界，是随机决策过程研究的重要分支。

POMDP 模型可形式化定义为七元组(S,A,T,R,Z,O,γ)，其中S,A,T,R,γ与 MDP 模型中的定义一致。五元组(S,A,T,R,γ)也被称为 POMDP 包含的 MDP 模型。其中，S是一组有限状态集；A是一组有限动作集；T是 Agent 的状态转移函数，描述了不可观测的状态之间按照 Markov 链随机转移，Agent 在状态s下采用动作a后可能转移到状态s'的概率，用$\Pr(s'|s,a)$表示；R是收益函数，$R(s,a)$表示在状态s时执行动作a带来的收益；Z是 Agent 的观察函数，它可计算出采用动作a后在下一个状态s'时的可能观察值，使用$\Pr(o|s',a)$表示；O是观测集，表示所有可能的观测信息；γ是折扣因子。

在 POMDP 模型中，Agent 不能确信自己处于哪个状态，其对下一步动作选择的决策基础就是当前所处状态的概率，即最有可能处于哪个状态。所以，Agent 需要通过传感器收集环境信息（观测值），来更新自己对当前所处状态的可信度。在非常确信自己所处的状态之后，Agent 做出的动作决策才是更有效的。为此，POMDP 引入了信念状态的思想，用B表示 Agent 的信念状态空间，用$b(s)$来描述 Agent 处在s状态的概率。当引入信念状态空间后，POMDP 问题就可以转化为基于信念状态空间的马尔可夫链来求解，它的处理也就回归到 MDP 模型中。

基于 Belief 的 MDP 可以用一个五元组(B,A,τ,r,γ)来定义。其中，B是建立在 POMDP 模型基础上的信念状态的有限集合；A是和 POMDP 模型中同样动作的有限集合；τ是信念状态转移矩阵；r是基于信念状态的收益函数；γ是折扣因子，和原始 POMDP 模型中的γ意义相同。此外，Agent 的信念状态可以通过信念状态更新公式计算得到，即

$$b_t^z = \Pr(s'|b,a,o) = \frac{\Pr(s',b,a,o)}{\Pr(b,a,o)} = \frac{\Pr(o|s',a)\sum\limits_{s\in S}\Pr(s'|s,a)b(s)}{\Pr(o|b,a)} \qquad (2\text{-}9)$$

$$\Pr(o|b,a) = \sum_{s\in S}\Pr(o|s',a)\sum_{s\in S}\Pr(s'|s,a)b(s) \qquad (2\text{-}10)$$

其中，b_t^z表示 Agent 在k时刻采取行动a并得到观察o后的信念状态。基于置信度的 POMDP 模型示意图如图 2-9 所示。

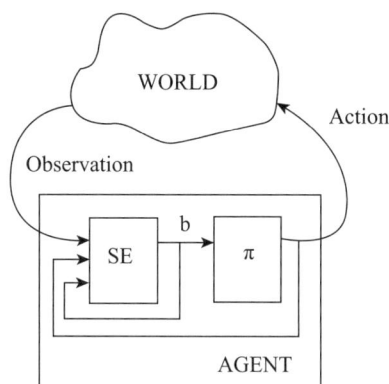

图 2-9　基于置信度的 POMDP 模型示意图

POMDP 问题求解的核心是得到一个将 Agent 的信念状态映射到动作的函数，也就是所谓的策略。POMDP 的过程就是寻找一个策略使某种性能准则达到最优。POMDP 模型的目标是使一段时期内的奖赏值之和达到最大，也就是在一个有限阶段的框架中，Agent 要使从当前算起，往后的 k 步交互所得的奖赏值之和最大。同样，在无限阶段的框架中，Agent 所追求的是长期的奖赏值之和的最大化。通常假设 Agent 在先前得到的奖赏值要比后来得到的奖赏值具有更高的价值。最优策略的选取和值函数的构建可以类似普通 MDP 决策进行，即

$$\pi_t^*(b) = \arg\max_a \left[\sum_{s \in S} b(s) R(s,a) + \gamma \sum_{o \in \Omega} \Pr(o|b,a) V_{t-1}^*(b') \right] \quad (2\text{-}11)$$

$$V_t^*(b) = \max_a \left[\sum_{s \in S} b(s) R(s,a) + \gamma \sum_{o \in \Omega} \Pr(o|b,a) V_{t-1}^*(b') \right] \quad (2\text{-}12)$$

与 MDP 模型相比，POMDP 模型就是多了一步对 Agent 当前所处状态的判断。这是因为在实际作战场景中 Agent 对环境的观测通常具有局限性且不准确，所以根据环境观测信息来判断自己的状态往往存在偏差。这种偏差用概率来表示就是 Agent 对自己目前所处状态的可信度有多大。通过 POMDP 模型对战场态势建模可以有效解决 Agent 对环境观测的不确定性问题。

面对不完全信息条件的任务规划，建立战场态势特征的关键在于态势特征的选取和量化，以及态势与态势特征的对应关系。从战场态势到生成动态决策命令的过程就是对指挥决策人员思维过程的模拟。作战任务规划过程可形式化地描述为 $P(H|K,S)$，即在已有军事领域知识 $K = \{K_1, K_2, K_3, \cdots, K_m\}$ 和当前实时数据信息 $S = \{S_1, S_2, S_3, \cdots, S_n\}$ 情况下得到态势 $H = \{H_1, H_2, H_3, \cdots, H_p\}$ 的假设结果，其中 P 表示每个态势的一个不确定的概率关联值。根据上述对 POMDP 的描述，作战实体的一般决策过程主要包含以下几点：

（1）在每个决策周期，作战实体在当前态势下，根据决策模型，从作战行动集合中选择相应的作战行动，指挥作战实体实施作战行动。

（2）作战实体实施作战行动后，对作战环境产生影响，结合作战环境自身的变化形成新的战场态势和作战效果的反馈信号。经作战实体感知将整体态势和反馈信号汇总至作战实体。

（3）作战实体得到战场态势和作战效果的反馈，根据决策模型进行下一步的决策，并指挥作战实体实施作战行动。

（4）持续循环以上过程直至战斗结束。

智能作战行为模型的本质是作战实体的序贯决策行为模型的抽象描述。在POMDP 模型中，战场感知设备无法确定诸多作战要素的状态，因而需要对环境进行交互来确定其状态。在实际应用中，POMDP 模型用来模拟智能体和环境之间的交互。起初，环境处于某一状态当中。基于环境所处的这个状态的信息，智能体就采取一个动作。采取这个动作会产生两个效果：一是动作过后，智能体会从奖赏模块那里获得即时奖赏值；二是动作会对环境产生一定的影响，即环境转换到了新的状态。另外，由于智能体采取了动作并且达到了一个新的状态，于是又会获得一个观测概率值。以上过程会在智能体和环境的交互中反复执行。当智能体在决策时刻 n 采取了一个动作之后，它会得到一个即时奖赏值，其过程如图 2-10 所示。

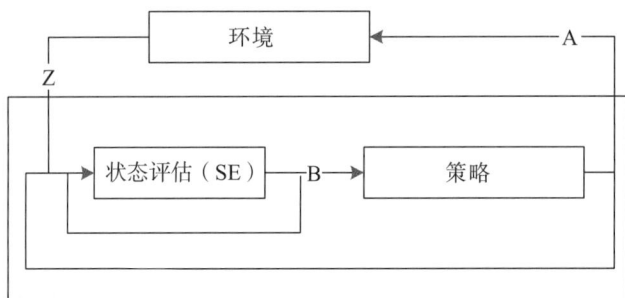

图 2-10　基于 POMDP 的智能体状态和动作与环境的交互

基于 POMDP 的深度强化学习指挥实体决策过程模型各部分组成元素定义：

1. 作战行动

作战行动是敌我双方在作战过程中某阶段的决策变量，$A = \{a_1, a_2 \cdots, a_n\}$，其中 $a_1, a_2, \cdots, a_n$ 表示的是可执行的原子动作，是作战双方在执行任务的过程中选择的满足资源和行动约束的动作（如观察、射击、机动、压制、歼灭等）。指挥实体在时刻 t 需要根据当前的作战要素和作战环境决定采取哪种作战行动。

2. 战场态势

战场态势作为红蓝双方对抗的状态集合，$S = \{s_1, s_2, \cdots, s_n\}$，其中 $s_1, s_2, \cdots, s_n$ 描述的是战场环境状态的各个分量。状态表明了作战双方各要素（兵力部署情况、装备情况、地理环境、天气条件等）的属性。状态的变化可以由红蓝双方的作战行动引起，一般表现为作战兵力的损耗、战场环境的变化、作战资源的变化等，也可以由作战要素自身的变化引起。指挥实体的决策不仅需要考虑自身的状态，还需要考虑环境和其他作战实体的状态。指挥实体在时刻 t 已知的战场态势用 s_t 表示。

3. 状态转移概率

状态转移概率表示状态 s 下采取动作 a 之后，转移到 s' 状态的概率，定义为 $P(s' \mid s, a)$；由于作战决策的战争迷雾特性和敌方的非合作特性，在每次作战一方所认知的态势下，采取某种作战行动之后，并不一定转移到相同的状态，而是以一定概率转移到下一状态。因此，状态转移概率可以对作战决策的战争迷雾特性和非合作特性进行建模，实现对未知战场态势的认知。

4. 策略函数

指挥决策问题可以建模为在起始状态 s_0 时，如何选择下一个行动。因此，决策目标就是要寻找一个状态到动作的映射，即找到最优策略，使累计回报最大。根据决策任务的不同，当决策任务为确定性策略时，定义 $a = \pi(s)$，即当状态为 s 时，应该采取哪个动作；当决策任务是随机性策略时，定义 $\pi(a \mid s) = P(a_t = a \mid s_t = s)$。当求解出策略 π 时，即可根据策略 π 生成作战方案；当更新状态动作值函数 $Q^\pi(s, a)$ 时，即可根据状态 - 动作值函数对已有决策模型进行优化。

5. 奖励信号

奖励信号 r 定义了战场环境给指挥实体的即时反馈。在每个时间步长，当执行行动 a 时，环境反馈一个奖励信号，作为指挥实体行动选择的依据，但是指挥实体不能依照瞬时奖励行动。

6. 观察集合

Z 是一个观察的有限集合，即 Agent 能够从环境中接收到的所有可能的输入观察态势集合，观察到的是环境的部分信息（可能是充满噪声的），在任意时刻 Agent 只能收到一个观察。Z 可定义在连续空间上。

7. 观察函数

O 表示观察函数：$O(s,a,z)=p(z_{t+1}=z\,|\,s_{t+1}=s,a_t=a)$。其中，$s$ 是 $t+1$ 时刻决策者所处的状态，a 是 t 时刻决策者执行的动作，z 是 $t+1$ 时刻决策者获得的观察。$O(s,a,z)$ 表示 t 时刻决策者执行 a 动作于 $t+1$ 时刻转移到 s_{t+1} 状态后观察到 z_{t+1} 的概率。观察函数可以模拟实际环境中的噪声。

8. 回报函数

回报函数是指挥实体达成作战目的的重要驱动，因此在实际建模时，通常将作战目标以回报函数的方式进行建模，如果一个作战行动导致状态离作战目的更近，那么将获取正向的奖励，否则将获取负向奖励。但根据作战目的直接人工构建回报函数难度很大。

9. 目标函数

强化学习的目标就是在给定的指挥决策过程中寻求最优策略。这里的最优指的是指挥实体在一个指挥决策轨迹上，在时间步长 t 采用折扣因子 $\gamma \in (0,1)$ 计算的期望累计回报最大。假设在时刻 t，指挥实体观察到环境的部分状态为 s_t（作战实体各要素的输入信息），选择行动 $a_t \in A$ 为在下一时刻的行动，获取即时回报 r_{t+1}，且状态改变为 s_{t+1}，折扣系数为 γ，那么从时刻 t 到作战进程终止的总累积回报定义为

$$R_t = r_{t+1} + \gamma r_{t+2} + \gamma^2 r_{t+3} + \cdots = \sum_{k=0}^{\infty} \gamma^k r_{t+1+k} \qquad (2\text{--}13)$$

在决策过程中，指挥实体利用传感器、探测器、情报等感知当前战场态势 S，利用自身目前已掌握的经验和知识，对当前战场态势进行判断 $\phi(s)$，并结合强化学习所学的策略 $\pi(\phi(s),a)$，依据当前战场态势的判断 $\phi(s)$，执行最优的动作 A。战场环境状态受到动作 A 的影响后，转移到新的状态 s'，同时给予一个即时效果反馈 R，指挥实体根据效果反馈 R 和当前战场态势 S 来调整自身强化学习策略，并进行下一次动作选择。理论上，当奖赏函数在每次交互中都给出准确的奖赏值时，通过强化学习可以很快学到最优策略。但事实上，作战目标往往很难转换成合理的奖赏函数，导致奖赏值稀疏和延迟。

2.4　面向作战任务规划的分层强化学习算法

分层强化学习的主要思想是，将大规模的复杂问题分解成若干个简单的子问

题，采用分而治之的策略，然后对子问题进行求解，这契合复杂作战任务规划问题求解的基本思路。常见的 HRL 方法有基于分层抽象机（Hierarchical of Abstract Machines，HAM）、MAXQ 值函数分解（MAXQ value function decomposition）以及选项（Option）的三种分层强化学习方法。为更清晰地介绍上述分层强化学习方法，需要对马尔可夫决策过程（MDP）以及半马尔可夫决策过程（SMDP）进行简单的了解。在此对 SMDP 进行简单的介绍。

现有的强化学习基本是基于 MDP 展开的研究，即系统具有马尔可夫性：下一时刻的状态只与当前时刻有关，与历史的状态无关。与 MDP 不同，SMDP 中的 Agent 不会根据状态转移矩阵，从当前状态立即跳转到下一状态。也就是说，Agent 需要经过 τ 步后才可以从当前状态 s 以一个概率转移到下一个状态 s'，期间经历的步数 τ 是一个随机变量，状态转移概率是一个 s 和 τ 的联合概率 $P(s',\tau|s,a)$。在分层强化学习中，以下三种主流学习算法均基于 SMDP，具体介绍如下：

2.4.1 HAM 分层抽象机

HAM 是一种 HRL 方法，该方法将子任务抽象为一个随机有限状态机，然后将有限状态机与当前状态结合以选取不同的策略。

假设 M 是一个具有状态集合 S 和动作集合 A 的 MDP；$H = \{H_i\}$ 是一个随机有限状态机集合，每个状态机 H_i 都具有其相应的状态集 S_i、概率转移方程 δ_i 以及随机函数 $f_i:S \to S_i$。其中，随机函数用于设定状态机 H_i 的初始状态。此外，每个 H_i 都有以下四种状态：

（1）动作：此状态会根据 H_i 和 M 的具体情况，在 t 时刻产生一个 M 的动作 $a_t = \pi(m_t^i,s_t)$，其中 m_t^i 是 H_i 的当前状态，s_t 是 M 的当前状态。

（2）调用：在此状态时，挂起当前的状态机 H_i，然后根据当前状态机的状态，调用 $f_i(s_t)$ 对下一个状态机 H_j 进行初始化。

（3）选择：在此状态时，非确定性地选择当前状态机的下一个状态，其选择策略需在学习过程中优化。

（4）停止：在此状态时，停止当前状态机并返回调用此状态机的原始状态机，此状态通常被设为当前状态机的子目标。在此期间，Agent 会根据动作进行状态转移，并得到一个及时奖赏。如果 Agent 没有动作，M 就保持当前状态。

根据上述定义的 M 和 H，可得到一个 MDP：$H \circ M$，其状态集为 $S \times S_H$，S_H 是 H 的状态集，包含 H 的所有初始状态和可达状态。当 H 处于选择状态时，$H \circ M$ 才可进行决策。当 H 处于其他状态时，$H \circ M$ 根据 H 的状态进行状态转移。由此可见，$H \circ M$

是一个 SMDP。将 Q-Learning 用于学习，就可以得到一个最优策略，其更新公式为

$$
\begin{aligned}
Q_{k+1}\left([s_c,m_c],a_c\right)=&(1-\alpha_k)Q_k\left([s_c,m_c],a_c\right)\\
&+\alpha_k\left[r_t+\gamma r_{t+1}+\cdots+\gamma^{r-1}r_{t+1}+\gamma^r\max_{a'}Q_k\left([s'_c,m'_c],a'_c\right)\right]
\end{aligned}
\tag{2-14}
$$

其中，c 为 $H\circ M$ 中的状态下标，$[s_c,m_c]$ 为选择点。

值得注意的是，虽然使用 Q-learning，但是状态空间被扩展为环境状态和状态机状态。然而，HAM 存在一定的局限，需要使用大量的先验领域知识去人工设计状态机，因而难以处理更加复杂的问题。

2.4.2　MAXQ 值函数分解

MAXQ 值函数分解简称为 MAXQ，是由迪特里奇（Dietterich）提出的一种方法，其核心思想是把一个马尔可夫决策过程 M 分解为若干个子任务的集合 $\{M_0,M_1,\cdots,M_n\}$，其中子任务之间具有以 M_0 为根节点的分层结构，称之为任务图。要想解决原问题 M，需要执行动作原语（一种特殊类型的子任务）或其他子任务的策略，直至解决 M_0。每一个子任务 M_i 都有其对应的策略 π_i、终止断言 T_i、动作集 A_i 和伪奖赏函数 R_i，其中策略 π_i 用于在子节点上选择子任务，终止断言 T_i 用于将状态集 S 划分为 π_i 可执行的活动状态集 S_i 和终止策略的终止状态集 F_i，伪奖赏函数 R_i 用于在学习期间分配奖赏值。当执行一个子任务后得到的状态满足终止断言时，表明子任务终止。

在 MAXQ 中，我们需要学习 M 的最优策略。如果子任务 M_i 的最优策略是 π_i，则分层策略 $\pi=\{\pi_0,\cdots,\pi_n\}$ 就是所求的最优策略。MAXQ 中的子任务 M_i 是一个 SMDP，其在策略 π 后的转移概率为 $P_i\left(s',\tau|s,a\right)$，执行策略后在状态 s 的值函数为 $V^\pi\left(i,s\right)$，计算如下：

$$
V^\pi\left(i,s\right)=V^\pi\left[\pi_i\left(s\right),s\right]+\sum_{s',\tau}P_\tau^\pi\left[s',\tau|s,\pi_i\left(s\right)\right]\gamma^r V^\pi\left(i,s'\right)
\tag{2-15}
$$

其中，$V^\pi\left(i,s'\right)$ 表示在状态为 s' 时完成 M_i 的期望回报值。

状态动作值函数可通过下式计算：

$$
Q^\pi\left(i,s,a\right)=V^\pi\left(a,s\right)+\sum_{s',\tau}P_\tau^\pi\left(s',\tau|s,a\right)\gamma^r Q^\pi\left[i,s',\pi\left(s'\right)\right]
\tag{2-16}
$$

上式右侧的第二项称为完成函数，记作 $C^\pi\left(i,s,a\right)$，则上式可重新写成：

$$
Q^\pi\left(i,s,a\right)=V^\pi\left(a,s\right)+C^\pi\left(i,s,a\right)
\tag{2-17}
$$

已知假设分层策略和状态 s，从顶层的子任务 M_0 开始选择其他子任务，直到子任务的策略选择动作原语。此时，$V^\pi\left(0,s\right)$ 可分解为

$$V^\pi(0,s)=V^\pi(a_n,s)+c^\pi(a_{n-1},s,a_n)+\cdots+$$
$$c^\pi(a_1,s,a_2)+c^\pi(a_0,s,a_1)$$

（2-18）

上式是 MAXQ 的精髓，但是该方法仍然存在局限，即当任务越来越难和复杂时，有效分解任务将是一个难点。

2.4.3　Option 选项框架

HRL 最著名的理论架构可能是 Option 选项框架。Option 框架是由萨顿（Sutton）提出的，其核心思想在于一个复杂的任务可以被抽象成若干个 Option，每一个 Option 相当于为完成某个子目标而制定的一系列动作或 Option 序列。这些 Option 可根据专家知识进行人为制定，也可以自动生成，然后加入原来的动作集中。一般而言，一个 Option 符合 MDP，可表示为 $\langle \varphi,\pi,\beta \rangle$：$\varphi \subseteq S$ 为 Option 的初始状态集，包含其所有可能状态；$\pi:S \times A \to [0,1]$ 表示该 Option 的内部策略，A 为在 φ 上的动作集；$\beta:S \to [0,1]$ 为终止条件，该 Option 在状态 s' 处终止的概率表示为 $\beta(s')$。

在面向复杂作战任务智能规划领域时，基于 Option 的分层强化学习显现出其独特的优势。如果动作空间由原始动作和选项组成，那么遵循选项框架的算法被证明会收敛到最优策略，否则它仍将趋于一致，但将成为一个等级最优的政策。这使智能体可以解决更有难度的任务。例如，当解决方案需要 2000 个低级动作时，分层策略可以将其转化为 10 个高级动作的序列，在 10 步序列中搜索比 2000 步序列中搜索要高效得多。Agent 在多个任务的分布上进行训练，在每个样本任务中学习新的主策略，同时共享子策略。通过重复训练新的主策略，该过程可以自动找到适合主策略学习动态的子策略，故本书采用基于 Option 的分层强化学习方法解决作战任务智能规划问题。

基于 Option 的分层强化学习的过程如下：假设 Agent 当前在某个状态，选择一个 Option，通过这个 Option 的策略，Agent 选择了一个动作或者另一个 Option。若选择了一个动作，则直接执行转移到下一个状态；若选择了另一个 Option，则用选择的新 Option 继续选择，直到最后得出一个动作。由此可知，Option 可根据策略选择其他的 Option。为满足上述要求，定义了一个更高层级的策略 $\mu:\varphi \times O_\varphi \to [0,1]$。其中，$O$ 表示包含所有 Option 的集合，O_φ 表示状态 φ 对应的 Option 集合，$\mu(\varphi,o_\varphi)$ 表示在状态 φ 下选择 Option o_φ 的概率。因此，分层 Option 可描述为 $\langle \varphi,\mu,\beta \rangle$，也被称为 Semi-Markov-Option。当初始 Option 开始执行后，可依据策略 μ 选择其他 Option，直到满足终止条件 β。由此可见，Option $\langle \varphi,\mu,\beta \rangle$ 形成了 SMDP。此时，Q 函数定义为

$$Q^{\mu}(s,o) = E\left\{r_t + \gamma r_{t+1} + \gamma^2 r_{t+2} + \cdots \mid o_r = o, s_t = s\right\} \tag{2-19}$$

Q-Learning 的更新公式为

$$
\begin{aligned}
Q_{k+1}(s,o) = &(1-\alpha_k)Q_k(s_t,o_t) + \\
&\alpha_k\left[r_t + \gamma r_{t+1} + \cdots + \gamma^{\tau-1}r_{t+\tau} + \gamma^{\tau}\max_{o'\in O}Q_k(s_{t+\tau},o')\right]
\end{aligned}
\tag{2-20}
$$

其中，α_k 为第 k 轮迭代时的学习率，τ 为 Option 的 o 在执行 τ 步之后在状态 S_{t+T} 停止，o' 为 o 执行结束后的下一个 Option。

具体的算法描述如下：

初始化 $Q(s,o)$
重复：(for each episode)
初始化状态 s
重复：(for each step of episode)：
根据状态 s 选择 o，执行 o 并观察，得到奖赏
$Q_{k+1}(s,o) = (1-\alpha_k)Q_k(s_t,o_t) + \alpha_k\left[r_t + \gamma r_{t+1} + \cdots + \gamma^{\tau-1}r_{t+\tau} + \gamma^{\tau}\max_{o'\in O}Q_k(s_{t+\tau},o')\right]$
$s \leftarrow s'$
直到 s 终止
输出：策略 π^*

由于状态到动作的映射结构较为固定，知识无法有效引入，智能体学习过程低效。本章提出的基于动作分层的映射关系将传统状态到动作的映射关系扩展为由状态到意向、由意向到动作的三层映射，对动作进行分层，将动作分为底层动作和高层动作，其中底层动作是智能体的原子动作，原子动作具有不可分性，每个底层动作对应一个简单意向。底层动作按一定策略或序列执行，形成高层动作，高层动作对应的是复杂意向，复杂意向的设置利用了先验知识，就如同人类的决策过程，智能体的每一个意向选择都是智能体通过对环境的判断并结合自身特点后完成的，其中状态到动作的映射利用神经网络近似方法，意向到动作的映射关系主要通过 IF-THEN 规则实现。Option 框架下基于分层强化学习的作战任务规划求解框架如图 2-11 所示。

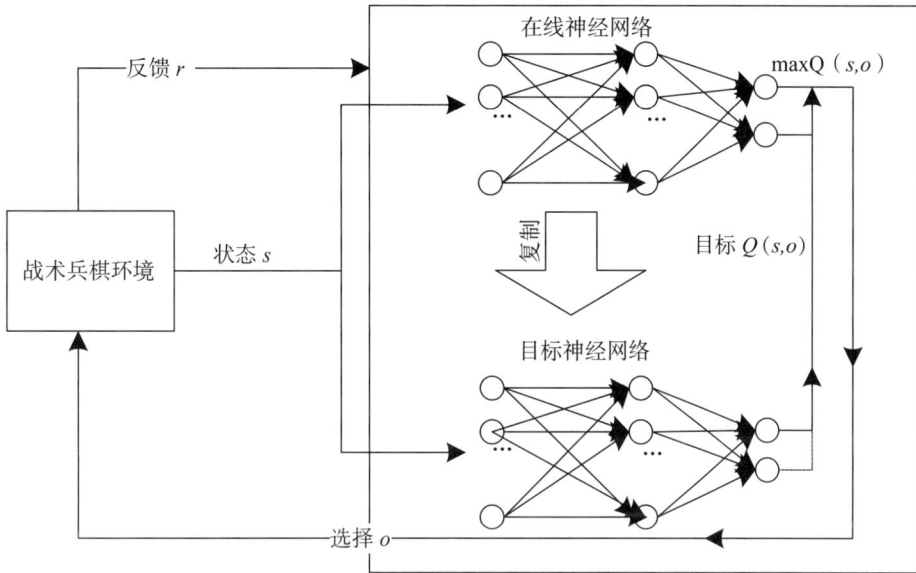

图 2-11 Option 框架下基于分层强化学习的作战任务规划求解框架

第 3 章　知识引导的深度强化学习方法

基于强化学习的作战任务规划面临着状态－动作空间高维、探索效率不高、奖赏反馈稀疏等难题。作战指挥决策人员的隐性知识和条令条例等领域知识以及蕴含在指挥对抗训练数据中的"知识"可以为有效解决上述难题提供技术支持。本章在陆战兵棋对抗环境中，面向典型作战任务背景，建立基于产生式规则和综合势能模型的深度态势－行动策略网，用于解决陆战分队战术任务规划问题。这里主要参考人类在改造世界过程中利用经验知识解决一般性问题的思维方式，在基于强化学习的作战任务规划中引入了大量条令条例、战法战例等知识，可以提高强化学习的策略探索能力。此外，指挥决策的范例数据和专家评价中蕴含着的决策经验性知识可以被有效利用，以提升强化学习反馈的实时性和合理性。

3.1　基于知识与 DQN 的单智能体任务规划

3.1.1　基于规则的强化学习算法框架

本节主要介绍了一种基于产生式规则和深度强化学习（DQN）的单智能体作战行动序列生成方法。该算法的框架如图 3-1 所示。在这个框架中，使用神经网络逼近值函数，并将"IF-THEN"规则带入至神经网络的损失函数中，实现对强化学习的加速和对规则知识的高效利用。此外，该框架的强化学习环境是全国兵棋大赛使用的陆战兵棋推演系统。

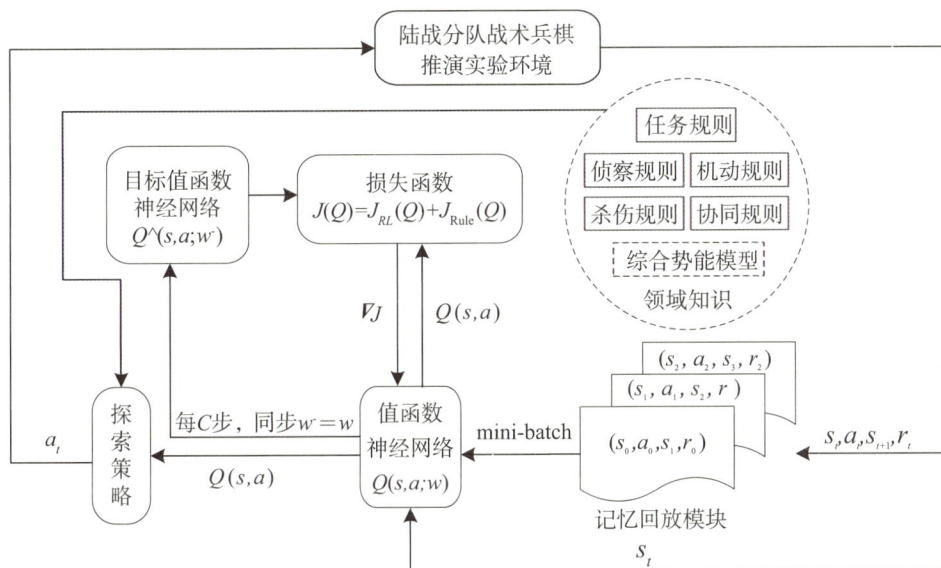

图 3-1　基于产生式规则和 DQN 的作战行动序列生成

3.1.2　智能战术决策中的 MDP 模型

1. 马尔可夫性

强化学习中包含的要素之一为环境状态转换模型，表示为一个概率模型，即在状态 s 下如果采取一定的动作 a，则转换到下一个状态 s'。在非理想环境下，状态转换的过程需要考虑到新状态 s' 之前的所有环境要素 $s_1, s_2, \cdots, s_n$，显然，这种方式使模型状态的转换非常复杂，强化学习假设状态转换符合马尔可夫性，状态转换只与上一个状态有关，即

$$P_{ss'}^{a} = E(s_{t+1} = s' \mid s_t = s, a_t = a) \tag{3-1}$$

在兵棋推演的行动决策过程中，下一步的选择只与上一步的环境状态观测量有关，因此本书的行动决策遵循马尔可夫决策过程（MDP）。

2. 强化学习

强化学习（Reinforcement Learning，RL）是机器学习中的一个大类，能够通过 Bellman 方程来求解交互问题，最终达到目的。强化学习使智能体最终形成一种策略，可以为达成目的而使奖励值最大化。利特曼（Littman）在 20 世纪 90 年代提出了以 MDP 为框架的多智能体强化学习（Multi-Agent Reinforcement Learning，

MARL），将强化学习的思想和算法应用到多智能体系统中，往往会考虑智能体间的竞争、合作等关系。

DQN 融合了深度神经网络和 Q-Learning，是一种基于值（Value-Based）的深度强化学习方法。Q-Learning 在环境中选择值最大的方向进行学习，即

$$Q^\pi(s_t, a_t) = E\left(R_{t+1} + \gamma R_{t+2} + \gamma^2 R_{t+3} + \cdots \mid s_t, a_t\right) \qquad (3-2)$$

Value-Based 的强化学习方法（如 DQN）需要对值函数进行更新，然后才能反映到策略当中，而值函数的一些小小的改变可能导致策略选取动作完全改变，尤其在兵棋环境中会震荡更强、收敛更难，基于策略（Policy-Based）的强化学习方法（梯度下降法）在这个问题上会更有优势。

$$\nabla_\theta J(\theta) = E\left[\nabla_\theta \log \pi_\theta(a \mid s) R(s, a)\right] \qquad (3-3)$$

采用梯度下降法 Policy Gradient 的最终目的是最大化目标函数，$J(\theta)$ 考虑单步的马尔可夫过程，$R(s, a)$ 表示奖励函数，推导可得

$$\nabla_\theta J(\theta) = \nabla_\theta E\left(R(s, a) \mid \pi_\theta\right) = E\left[\nabla_\theta \log \pi_\theta(a \mid s) R(s, a)\right] \qquad (3-4)$$

对目标函数 $J(\theta)$ 求导最终转化为了对策略 π 求梯度。

3.1.3 基于产生式规则的战术知识

产生式规则是目前战术知识常用且有效的表示方法。机器学习中的"规则"通常是指语义明确、能描述数据分布所隐含的客观规律或领域概念，实现规则的方式是当检测到规则满足某前提条件后，这条规则就会按照既定的规定去执行。

图 3-2 为产生式战术规则系统的结构和规则执行过程，采用专家数据加入初始的动态数据库，并存储战术决策的结果，通过指定合理的规则库产生相应的战术决策。

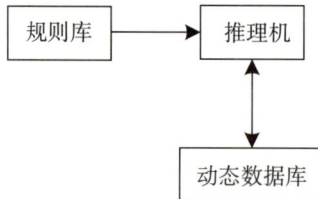

（a）规则系统的结构

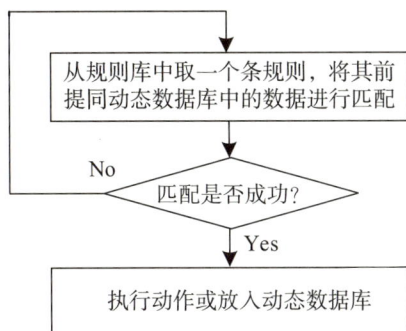

（b）规则执行过程

图 3-2　产生式战术规则

3.1.4　基于产生式规则的损失函数设计

1. 产生式规则表示

传统强化学习的算法多是基于启发式探索策略或者奖赏函数塑形技术。为提高强化学习的学习效率，本章提出了一种基于规则知识的损失函数，将"IF-THEN"规则带入神经网络的损失函数中，实现对强化学习的加速和对规则知识的高效利用。

在深度强化学习过程中，由于没有真实的目标值对当前样本进行标记，强化学习常用时序差分的思路，用当前估计的值函数Q替代真实值函数作为目标值y，即

$$y = r_t + \gamma \max_{a \in A} Q(s_{t+1}, a_t) \tag{3-5}$$

那么损失函数$J_{\mathrm{RL}}(Q)$就可表示为

$$J_{\mathrm{RL}}(Q) = \left[y - Q(s_t, a_t)\right]^2 \tag{3-6}$$

目标值估计的不准确性导致了强化学习的学习效率较低，只有在迭代很多步后才会逐渐收敛。为在一定程度上克服这个缺点，将损失函数$J(Q)$表示为

$$J(Q) = J_{\mathrm{RL}}(Q) + J_{\mathrm{Rule}}(Q) \tag{3-7}$$

其中，$J_{\mathrm{RL}}(Q)$仍然是强化学习方法中的损失函数，$J_{\mathrm{Rule}}(Q)$是基于规则知识的损失函数。

"IF-THEN"规则常见的表示形式为"IF s THEN a"，即当前状态符合规则时，规则会推荐一个动作，记为a_R。对于基于规则知识的损失函数，其基本思路是惩罚与规则推荐动作a_R不一致的动作。通过使用基于最大边际的损失函数，$J_{\mathrm{Rule}}(Q)$可以记为

$$J_{\text{Rule}}(Q)=\max_{a\in A}\left[Q(s_t,a)+l(a,a_{\text{R}})\right]-Q(s_t,a_{\text{R}}) \qquad (3-8)$$

其中，当 $a=a_R$ 时，$l(a,a_R)=0$；当 $a\neq a_R$ 时，$l(a,a_R)=1$。

$J_{\text{Rule}}(Q)$ 的物理意义就是要求规则推荐的动作 a_R 的值函数 $Q(s_j,a_R)$ 要比其他动作至少高出 $l(a,a_R)=1$。

2. 基于规则知识的 DQN 算法

下面以 DQN 算法为主体框架来介绍作战行动序列生成方法，其中基于规则知识的损失函数计算位于步骤 8。该方法的具体实现流程如图 3-3 所示，具体的实施步骤如下。

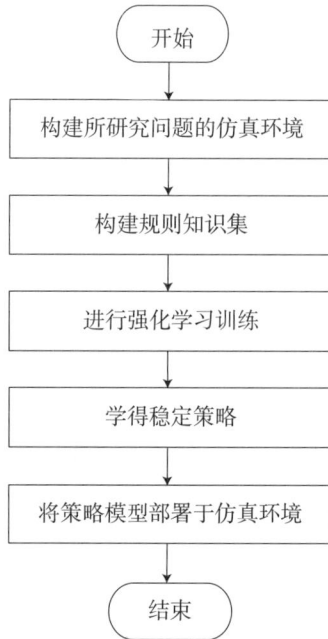

图 3-3　规则知识驱动的作战行动序列生成方法流程

步骤 1：构建作战方案的仿真环境。该环境需要提供：每个时刻的战场态势 s_t、当模拟指挥员做出决策 a_t 后下一时刻的态势 s_{t+1} 和环境的奖赏 r_t。

步骤 2：针对仿真环境的具体任务，给出适用的"IF-THEN"规则，如作战条令条例。

步骤 3：算法参数的初始化。初始化神经网络 $Q(s,a;w)$，初始化目标神经网络 $\hat{Q}(s,a;w^-)$，并令两神经网络的参数同步 $w^-=w$。初始化记忆存储单元 D（容量为 N），设置折扣系数 γ、贪婪策略 ε、（mini-batch）大小 m、目标神经网络更新间隔 C。

步骤 4：使用最常用的探索 ε – 贪婪策略，根据 s_t 选择动作 a_t。

$$a_t = \begin{cases} a_{\text{random}}, & \text{以 } \varepsilon \text{ 的概率} \\ \arg\max_{a \in A} Q(s_t, a), & \text{其他} \end{cases} \tag{3-9}$$

其中，a_{random} 表示在动作集 A 中随机选择一个动作，$\arg\max\limits_{a \in A} Q(s_t, a)$ 表示使 Q 值函数最大的动作。

步骤 5：执行动作 a_t 后，观察环境得到下一时刻的态势 s_{t+1} 和奖赏 r_t，将 (s_t, a_t, r_t, s_{t+1}) 数据存储于记忆单元 D。

步骤 6：从 D 中 mini–batch 随机采样若干组 (s_i, a_i, r_i, s_{i+1}) 数据。

步骤 7：对每组数据计算：

$$J_{RL}(Q) = \left[y_i - Q(s_i, a_i; w) \right]^2 \tag{3-10}$$

其中，目标标签为 $y_i = \begin{cases} r_i, & \text{达到终止状态。} \\ r_i + \gamma \max\limits_{a \in A} Q^\wedge \left(s_{i+1}, a; w^- \right), & \text{其他} \end{cases}$

注意：计算 y_i 时使用的是目标神经网络 $Q^\wedge$ 而不是 Q。

步骤 8：根据 "IF–THEN" 规则，在状态 s_i 下得到推荐动作 a_R，计算

$$J_{\text{Rule}}(Q) = \max_{a \in A} \left[Q(s_i, a) + l(a, a_R) \right] - Q(s_i, a_R) \tag{3-11}$$

其中，边际函数 $l(a, a_R) = \begin{cases} 0, a = a_R \\ 1, a \neq a_R \end{cases}$。

步骤 9：计算损失函数 $J(Q) = J_{RL}(Q) + J_{\text{Rule}}(Q)$，并根据随机梯度下降更新网络参数 w。

步骤 10：每 C 步将 $Q^\wedge$ 与 Q 的参数同步 $w^- = w$。

步骤 11：重复迭代步骤 4，直至值函数 Q 收敛，结束。

步骤 12：根据值函数 Q，得到指挥策略 $\pi = \arg\max\limits_{a \in A} Q(s, a)$，并将该策略部署至仿真环境中，生成作战行动序列。

与只使用规则知识进行推理的方法相比，上述方法只利用知识来改进损失函数，而不是完全基于知识进行推理，因而其不要求规则知识的完备性和知识表达参数的准确性。与不加知识的强化学习方法相比，上述方法可以大幅度减少训练时间和迭代次数。在作战行动序列这类复杂问题中，该方法具有很强的通用性和实用性。

3.1.5　基于产生式规则的作战任务智能规划仿真实验

下面将围绕作战任务空间描述和环境的构建、规则知识、算法参数的初始化、动作选择等具体介绍作战任务智能规划的仿真实验设计。以全国兵棋大赛"陆战分队兵棋系统——装甲突击群"为实验平台，在自研的"先胜 1 号"平台上设置简

化的想定和条件，以如何选择最优路径为例，描述兵棋算子行动策略智能决策的过程。

（1）作战任务空间描述和环境的构建。

①坦克连山地通道进攻基本想定

坦克连在营编成内担任前沿左翼主攻任务。依据地面攻击集群各群（队）作战任务区分，该坦克连营自某地域发起进攻，对当面蓝军守备某单位实施攻击。预计100个步长后，夺占主要夺控点，保障右翼顺利投入战斗。

②坦克连力量编成与部署

该坦克连共 3 个排，每个排表示为 1 个作战单位（最低分辨率为排），一个排有 3 辆坦克。坦克连最先部署于东南角。

③战斗任务与取胜条件

我方担负进攻任务，并于作战时间 100 个时间步长后，至少有 1 个作战单位到达 X 要点或将蓝方完全消灭。

④状态集、动作集和奖赏反馈

每个 t 时刻的状态 s_t 为

$$s_t = \{x_1, y_1, h_1, x_2, y_2, h_2, x_3, y_3, h_3, x_4, y_4, h_4, x_5, y_5, h_5, x_6, y_6, h_6\} \tag{3-12}$$

其中，x 和 y 分别代表每个实体的位置（横纵坐标），h 代表生命值。下标代表实体编号：$\{1,2,3\}$ 代表我方作战单位（坦克排），$\{4,5,6\}$ 代表蓝方作战单位（坦克排）。各维状态变量的取值范围为 $x \in [0,31]$，$y \in [0,31]$，$h \in [0,4]$。

每个 t 时刻的动作 a_t 为

$$a_t = \{move_1, shoot_1, move_2, shoot_2, move_3, shoot_3\} \tag{3-13}$$

其中，$move$ 代表每个实体的机动动作，$shoot$ 代表每个实体的射击动作。下标代表实体编号。机动动作的取值范围为 $move \in [0,8]$，0 代表不机动，1 ～ 8 代表机动至相邻的 8 个方格。射击动作的取值范围为 $shoot \in [0,3]$，0 代表不射击，1 ～ 3 代表射击蓝方的 4 ～ 6 号作战单位。

奖赏反馈：消灭蓝方 1 个作战单位奖励 $r = +10$；损失我方 1 个作战单位惩罚 $r = -10$；夺取要点奖励 $r = +100$。

（2）规则知识。

①地形：IF 地形 / 地貌 = 山 / 湖 THEN 实体绕行。

②红方：IF 对方实体向我运动且射击 THEN 集中火力优先射击距离我最近的一个（威胁评估最大）。

（3）算法参数的初始化。神经网络 $Q(s, a; w)$ 和目标神经网络 $Q^{\wedge}(s, a; w^-)$ 均采用含

1 个隐层（64 个神经元）的全连接神经网络，并初始化两神经网络的参数同步 $w^- = w$ ，优化方法采用 Adam 梯度下降算法，学习率为 0.001。具体编程实现以 Google 的 TensorFlow 机器学习库为基础，使用 Python 语言开发。初始化记忆存储单元 D，容量为 10 000。设置折扣系数 $\gamma = 0.99$，贪婪策略 $\varepsilon = 0.05$，mini-batch 的大小 $m = 32$，目标神经网络更新间隔 $C = 400$。

（4）动作选择。使用最常用的探索 ε 贪婪策略，根据当前态势 s_t 选择动作 a_t：

$$a_t = \begin{cases} a_{random}，以 \varepsilon 的概率 \\ \arg\max_{a \in A} Q(s_t, a)，其他 \end{cases} \tag{3-14}$$

（5）作战仿真环境执行动作 a_t 后，观察环境得到下一时刻的态势 s_{t+1} 和奖赏 r_t，将 (s_t, a_t, r_t, s_{t+1}) 数据存储于记忆单元 D。

（6）从 D 中 mini-batch 随机采样 32 组 (s_i, a_i, r_i, s_{i+1}) 数据。

（7）对每组数据计算：

$$J_{RL}(Q) = \left[y_i - Q(s_i, a_i; w) \right]^2 \tag{3-15}$$

其中，$y_i = \begin{cases} r_i，达到终止状态 \\ r_i + \gamma \max_{a \in A} \hat{Q}(s_{i+1}, a; w^-)，其他。 \end{cases}$

（8）根据步骤 2 中的 "IF-THEN" 规则，在状态 s_i 下得到推荐动作 a_R，计算：

$$J_{Rule}(Q) = \max_{a \in A} \left[Q(s_i, a) + l(a, a_R) \right] - Q(s_i, a_R) \tag{3-16}$$

其中，边际函数 $l(a, a_R) = \begin{cases} 0, a = a_R \\ 1, a \neq a_R。 \end{cases}$

（9）计算损失函数 $J(Q) = J_{RL}(Q) + J_{Rule}(Q)$，并根据随机梯度下降更新网络参数 w。

（10）每 400 步将 $\hat{Q}$ 与 Q 的参数同步 $w^- = w$。

（11）重复迭代步骤 4，直至值函数 Q 收敛，结束。

（12）根据值函数 Q，得到指挥策略 $\pi = \arg\max_{a \in A} Q(s, a)$，并将该策略部署至战术兵棋对抗环境中，适时生成作战行动序列。

3.2 基于综合势能的强化学习启发式探索策略

本节借鉴了《孙子兵法》中 "势" 的论述和物理学中的势能理论，研究作战领域知识组成要素及其量化模型，构建基于动态加权的在线势能模型和基于统计分析的离线势能模型，用于指导设计强化学习启发式探索策略。

3.2.1 综合势能理论分析

《孙子兵法》有云："善战者，必求之于势，不责于人。"势自古就用于描述作战形势、态势。在作战中，"势能"类似物理学中的势能，通常用来抽象描述作战体系中要素之间的关系和强弱分布。因而，指挥员面向复杂战场态势的研判，以"势能"形式在思维中进行定性与定量分析，进而引导对作战行动的决策。如果能够利用"势能"对作战体系中要素的强弱分布进行描述和度量，就能够为作战行动序列优选提供量化依据，这也是对指挥决策人员客观思维的科学表达。

指挥员对态势的分析首先应当源于当前的战场态势信息，也就是从当前获取的实时信息中分析；其次，分析基于态势的可能动作选择以及其对可能产生势的变化影响关系，最终权衡多个方案利害关系后进行优选。此外，如果当前态势信息复杂程度使指挥员难以进行有效分析研判，即超出指挥员分析判断阈值，指挥员就应当从记忆中提取经验，基于以往类似经历分析其可能影响并进行决策。

根据以上分析，我们认为运用"势能"进行作战行动序列生成应当区分两种情况：第一，对当前面临的实时态势的分析判断，即在线势能。在线势能是对当前状态下动作空间中各动作的"势"进行估计和量化，当各动作的势之间差异显著时，就能够显著区分下一步行动的优劣。第二，对以往作战经历中有效经验的提取，即离线势能。决策应当考虑分析以往数据，选取类似战场情况中较优的解，也就是抽取离线数据中反馈较好的决策行为。这两种情况的形成过程及其转换关系也契合指挥人员面向战场态势的指挥决策思维过程。据此，我们提出综合势能概念，综合考虑在线态势分析及历史经验数据利用两方面，即分别计算并叠加在线势能和离线势能，从而对作战实体决策动作的优劣进行度量。

此外，指挥员在进行指挥决策时，应当先基于当前瞬时态势信息进行分析判断及决策，当态势情况的复杂程度超出指挥员分析判断阈值时，再加入有效的经验知识，综合进行判断。该思维符合考虑复杂问题的一般逻辑，即先依据实时信息进行判断，若难以决策，则考虑历史经验。根据以上分析，我们提出在线势能优先原则：当在线势能的量化结果能够显著区分行动序列的优劣时，应直接采纳；当无法显著区分行动序列的优劣时，则进一步考虑离线势能的叠加。

1. 在线势能分析

在线势能是对实时、动态的战场态势进行的描述及度量。在战场上，敌我双方的对抗行动，如机动、射击、隐蔽等一系列动作，其最终目的都是完成上级所赋予的战斗任务。因此，在进行动作序列选择的过程中，作战实体应先分析当前战场态势，考虑最有利于完成任务的行动序列，也就是根据完成任务的"势"进行选择。然后，考虑所面临的任务可能是多方面的，而非单一的。例如，我方某分队可能身兼消灭敌方部队和夺占某要点两项任务。在面临多项任务时，不能只考虑某一任务的优势程度，所做出的决策应当能够权衡多个任务的势，综合进行考量。根据以上分析，提出度量在线势能的第一条原则：多任务叠加原则。作战实体的在线势能应当以完成任务的优势程度作为度量标准；当面临多项任务时，应当综合考虑各任务势能分量的叠加，进行模型构建。

同时，随着作战进程发展，战场态势不断变化，各任务完成的可能性也会随之发生变化。指挥员应当根据态势信息，实时对任务优先级进行权衡，以求指挥所属作战力量向最有利方向发展。据此，提出第二条原则：动态加权原则。各任务之间并非均等关系，应当赋予不同权重，且随着作战进程，该权重应呈动态变化趋势。

另外，优秀指挥员的决策应当具有前瞻性，也就是在对动作最优解的求解过程中不能局限于当前单步动作产生的即时回报，还应当充分考虑后续可能动作序列所产生的后续回报。但由于作战行动所具有强对抗及不确定性，决策应当以即时回报为主，后续回报应当给予一定程度的衰减。该思想同贝尔曼方程思想吻合，在强化学习中已被广泛运用。因此，基于以上分析，提出第三条原则：有限前瞻原则。对当前动作在线势能的度量应当在设定一定衰减的前提下，充分考虑后续可能动作序列产生的回报。

2. 离线势能分析

当作战实体面临的态势较为复杂时，基于以往指挥决策范例数据挖掘形成辅助决策的知识就显得尤为重要。与基于监督学习的智能决策方法不同，离线势能是基于对数据的统计分析：统计我方作战实体机动位置的选择，能够体现指挥员对作战地理空间位置优劣的考虑；对敌方机动位置进行统计分析，能够在一定程度上预测敌方行为趋势。这种方法的难点如下：一是采集与过滤，也就是如何从大量低信息密度原始数据中提取有用数据；二是挖掘与量化，也就是如何通过统计分析对数据进行合理的度量，从而形成能够直接辅助决策的知识。

根据以上分析，在借鉴数据挖掘现有研究方法的基础上，本书提出离线势能构建基本过程，包括筛选、分析、整合、提取。筛选就是剔除无用数据，将完整、可用的推演数据筛选出来；分析就是结合作战情境，运用作战相关理论，确定与作战决策有较高关联度的数据类别，统计分析数据结构；整合就是在分析的基础上，进一步剔除冗余，并整合形成单张数据表；提取就是将整合后的数据进行统计分析，形成能够直接辅助决策的热度分布或概率分布。

3.2.2 综合势能模型构建

本节在理论分析的基础上，提出综合势能算法模型的总体框架，然后分别对动态势能和静态势能进行量化分析和建模。

1. 综合势能模型框架

根据以上分析，对模型提出如下量化规则。设作战实体 s 的动作空间为 A，$A = [a_1, a_2, \cdots, a_n]$，表示作战实体 s 在某一时刻可选择 n 种动作，任务清单为 B，$B = [b_1, b_2, \cdots, b_m]$。基于综合势能的理论分析，定义 E_{s,a_i}，E_{s_{on},a_i}，E_{s_{off},a_i} 分别表示作战实体 s 选择 a_i 动作时的综合势能、动态势能和静态势能。

基于以上分析，提出作战实体 s 综合势能计算模型：

$$E_{s,a_i} = \varepsilon_{on} E_{s_{on},a_i} + \varepsilon_{off} E_{s_{off},a_i} \tag{3-17}$$

其中，ε_{on}，ε_{off} 为势能调节参数，用于在具体作战情境中调整动态势能和静态势能的权重，默认设置为 1。同时，根据动态势能优先原则可知，当某动作 a_i 对应的动态势能 E_{s_{on},a_i} 明显大于其他动作的动态势能时，可不考虑静态势能作用，直接优选该动作。因此，提出阈值参数 ω 用于描述该性质：当作战实体 s 存在某动作 a_{best} 对应的动态势能 $E_{s_{on},a_{best}}$，使其他所有动作 a_i 所对应的动态势能 E_{s_{on},a_i} 和 $E_{s_{on},a_{best}}$ 之间比值均满足：

$$\frac{E_{s_{on},a_i}}{E_{s_{on},a_{best}}} < \omega \tag{3-18}$$

则作战实体 s 在该时刻应当直接选择动作 a_{best}。否则，根据优选算法进行动作选择。下面分别对动态势能和静态势能进行建模。

2. 基于变权的动态势能模型构建

在构建综合势能模型框架基础上，提出动态势能 E_{s_{on},a_i} 计算模型。设任务清单 B 所对应的权重向量为 C，$C = [c_1, c_2, \cdots, c_m]$，并依据多任务叠加原则和动态加权原则，提出如下公式：

$$E_{s_{on},a_i} = \sum_{j=1}^{m} c_j E_{s_{on},a_i,b_j} \tag{3-19}$$

其中，E_{s_{on},a_i,b_j} 表示作战实体 s 在选择动作 a_i 时，对于完成任务 b_j 所具有的动态势能分量，c_j 表示任务 b_j 的权重。该公式表示，作战实体选择动作 a_i 时，其动态势能 E_{s_{on},a_i} 等于该动作下各任务的势能分量 E_{s_{on},a_i,b_j} 加权求和。

根据有限前瞻原则，在考虑有限步骤情况下，各任务的势能分量 E_{s_{on},a_i,b_j} 等于所有可能的动作序列所产生回报的加权叠加，且该加权系数应随时间步逐渐衰减。根据以上分析及假设，提出基于动作序列回报衰减的任务势能分量求解模型。

设在动作 a_i 及任务 b_j 下产生的回报为 R，衰减因子为 $\tau \in [0,1]$，考虑动作序列的步数为 $step$，设动作序列为 ψ，$\psi = \left[a_{t_0}, a_{t_0+1}, a_{t_0+2}, \cdots, a_{t_0+step} \right]$，则所有可能的动作序列 ψ 构成动作序列集 Φ，即 $\psi \in \Phi$。在此基础上，提出 E_{s_{on},a_i,b_j} 计算公式：

$$E_{s_{on},a_i,b_j} = \lim_{step \to \infty} \sum_{\psi \in \Phi} \sum_{k=0}^{step} \tau^k R_{t_0+k} \left(s_{t_0+k}, a_{t_0+k}, b_j \right) \tag{3-20}$$

其中，$R_{t_0+k} \left(s_{t_0+k}, a_{t_0+k}, b_j \right)$ 表示 t_0+k 步时的回报，该回报同作战实体 s 在 t_0+k 时刻的状态 s_{t_0+k}、动作 a_{t_0+k} 及任务 b_j 相关，故 R_{t_0+k} 是自变量为 $s_{t_0+k}, a_{t_0+k}, b_j$ 的函数。需要注意的是，在计算不同任务的回报 R 时，应统一量纲，同时归一化后进行计算。τ^k 表示 t_0+k 时刻的衰减系数，本书采用指数衰减系数，以体现随着动作序列步数 t_0+k 的增加，回报 R_{t_0+k} 呈显著下降的趋势。对 $\sum_{k=0}^{step} \tau^k R_{t_0+k} \left(s_{t_0+k}, a_{t_0+k}, b_j \right)$ 展开后，可得表达式：

$$E_{s_{on},a_i,b_j} = \lim_{step \to \infty} \sum_{\psi \in \Phi} \left(R_{t_0} + \tau R_{t_0+1} + \tau^2 R_{t_0+2} + \cdots + \tau^{step} R_{t_0+step} \right) \tag{3-21}$$

其中，每一组 $[R_{t_0}, R_{t_0+1}, \cdots, R_{t_0+step}]$ 所对应的动作序列 $[a_{t_0}, a_{t_0+1}, \cdots, a_{t_0+step}]$ 即为一组属于集合 Φ 的动作序列 ψ，对所有 $\psi \in \Phi$ 的动作序列所对应的回报 R 求和，即得到任务 b_j 的动态势能分量 E_{s_{on},a_i,b_j}。再对不同任务分量求和，归一化后得到该时刻作战实体各动作动态势能 E_{s_{on},a_i}，计算过程及结果如表 3-1 所示。

表 3-1　动态势能计算表

坐　标	a_1	a_2	a_3	…	a_n
x_1, y_1	E'_{s_{off},x_1,y_1,a_1}	E'_{s_{off},x_1,y_1,a_2}	E'_{s_{off},x_1,y_1,a_3}	…	E'_{s_{off},x_1,y_1,a_n}
x_2, y_2	E'_{s_{off},x_2,y_2,a_1}	E'_{s_{off},x_2,y_2,a_2}	E'_{s_{off},x_2,y_2,a_3}	…	E'_{s_{off},x_2,y_2,a_n}
x_3, y_3	E'_{s_{off},x_2,y_2,a_1}	E'_{s_{off},x_2,y_2,a_2}	E'_{s_{off},x_2,y_2,a_3}	…	E'_{s_{off},x_2,y_2,a_n}
…	…	…	…	…	…

3. 基于统计分析的静态势能模型构建

根据分析，本书提出基于统计分析的静态势能 E_{s_{off},a_i} 模型。其基本思路是通过对战场中作战实体各动作的相关信息进行统计，形成辅助决策的热度分布表，以体现指挥员各动作的度量分布，具体如下。

（1）模型假设

设单一指挥决策范例数据为 $datum$，所有数据构成数据集 $Data$，即 $datum \in Data$。数据格式为 $datum = [s, s\_, a_i, s', s\_']$。$s, s\_$ 表示产生交互的作战实体在动作前状态，a_i 表示作战实体 s 的动作，$s', s\_'$ 表示产生动作后作战实体的状态。需要注意的是，当动作产生作战实体间的交互（如射击）时，则该数据 $datum$ 存在 $s\_,s\_'$ 项。若动作不产生交互，则该数据不存在 $s\_,s\_'$ 项。其中，每个作战实体 s 包含多个属性 $attribute$，因此 $s=[attribute_1,attribute_2,attribute_3,\cdots]$。

（2）设计奖赏函数

设奖赏函数为 $R_{off,x,y,a_i}(s,s\_,a_i,s',s\_')$，表示作战实体 s 在坐标 (x,y) 执行动作 a_i 后的静态奖赏，该函数的值同该动作 a_i 前后作战实体状态的改变相关，故自变量为 $(s,s\_,a_i,s',s\_')$。针对不同的动作 a_i，静态奖赏 R_{off,x,y,a_i} 表达式应有所区别，其基本原则是可量化。例如，对于射击动作，可采用射击对敌造成的毁伤效果作为其静态奖赏；若动作效果不易量化，奖赏可设计为1，在大量样本空间情况下，其动作次数的统计可描述其分布。

（3）构建静态势能表

遍历离线数据集 $Data$，根据静态势能的奖赏函数公式，计算所有数据 $datum$ 对应的离线奖赏 $R_{off,x,y,a_i}(s,s\_,a_i,s',s\_')$，并根据如下公式，计算静态势能 E_{s_{off},x_0,y_0,a_i}：

$$E_{s_{off},x_0,y_0,a_i}=\sum_{x=x_0,y=y_0}R_{off,x,y,a_i}(s,s\_,a_i,s',s\_') \qquad (3-22)$$

其中，E_{s_{off},x_0,y_0,a_i} 表示 a_i 动作在坐标 x_0,y_0 处的静态势能，该势能等于离线数据集 $Data$ 中所有满足 $x=x_0,y=y_0$ 条件下，奖赏函数 $R_{off,x,y,a_i}(s,s\_,a_i,s',s\_')$ 线性叠加。在遍历所有离线数据集后，对各动作下静态势能进行归一化，得到归一化后静态势能标准值 $E'_{s_{off},x_0,y_0,a_i}\in[0,1]$，可得表3-2。

表3-2 静态势能标准表

坐标	a_1	a_2	a_3	$\cdots$	a_n
x_1,y_1	E'_{s_{off},x_1,y_1,a_1}	E'_{s_{off},x_1,y_1,a_2}	E'_{s_{off},x_1,y_1,a_3}	$\cdots$	E'_{s_{off},x_1,y_1,a_n}
x_2,y_2	E'_{s_{off},x_2,y_2,a_1}	E'_{s_{off},x_2,y_2,a_2}	E'_{s_{off},x_2,y_2,a_3}	$\cdots$	E'_{s_{off},x_2,y_2,a_n}
x_3,y_3	E'_{s_{off},x_2,y_2,a_1}	E'_{s_{off},x_2,y_2,a_2}	E'_{s_{off},x_2,y_2,a_3}	$\cdots$	E'_{s_{off},x_2,y_2,a_n}
$\cdots$	$\cdots$	$\cdots$	$\cdots$	$\cdots$	$\cdots$

表3-2体现了战场环境中，所有坐标对应的动作空间中各动作归一化后的静态势能标准值。该表在获得离线数据集 $Data$ 后即可计算获得。

在计算综合势能的过程中，作战实体 s 的静态势能分量 E_{s_{off},a_i} 数值可从表3-2中查找对应坐标 E'_{s_{off},x_0,y_0,a_i} 获得。

3.2.3 综合势能驱动的强化学习探索策略

运用强化学习方法解决战术指挥决策问题可认为是在连续状态空间、离散动作空间上的多步强化学习过程，通常用马尔可夫决策过程（Markov Decision Process，MDP）描述。MDP 的学习任务目标就是找到一个最优策略以最大化累计回报。任务规划中，行动实体 Agent 与战场环境存在交互过程。在每个时间步长，Agent 观察环境得到状态s_t，后执行某一动作a_t，环境根据$a_t a_t$生成下一步长的$s_{t+1} s_{t+1}$和$r_t r_t$。这样的强化学习任务符合 MDP 的基本过程模型。不难看出，该过程是基于马尔可夫假设的随机动态系统。

作战任务规划最终要获得战术行动决策方案，即得到使累积回报最大的策略$\pi^* = \arg\max R_\pi$。在强化学习过程中，引入先验知识，即利用综合势能模型是提高其探索能力的一种重要方法。于是，我们引入作战规则和专家的经验性知识，并量化为综合势能模型，引导决策实体进行学习。启发式探索策略 HARL 就是通过在学习过程中利用启发式信息来选择动作。一般强化学习探索策略有两种表示方法：一是将策略表示为确定性函数$\pi : X \mapsto A$；另一种是随机性策略$\pi : X \times A \mapsto R$，概率$\pi(x,a)$表示$x$选择动作$a$的概率，且$\sum_a \pi(x,a) = 1$。用综合势能模型引导探索策略可形式化表达如下：

$$\pi(s) = \begin{cases} \arg\max_a \left[\hat{Q}(s,a) + \beta \cdot H(s,a) \right] \\ random \qquad \text{以} \int \text{概率随机} \end{cases} \qquad (3\text{-}23)$$

其中，$H(s,a)$是综合势能函数，参数β可以调整$H(s,a)$对策略选择的影响力。启发式函数$H(s,a)$数值大小的定义原则是该函数能否对策略选择产生足够大的影响，但为减少引入误差，数值也要尽可能小。启发式函数只在动作选择时对探索策略产生影响，引导 Agent 更多地去探索启发式函数建议的方向，少探索其他方向。需要特别指出的是，在强化学习的值函数更新过程中，启发式函数$H(s,a)$不与值函数$\hat{Q}(s,a)$叠加，并不对值函数的更新产生任何影响。

本章考虑采用基于综合势能的量化表示方法来构建探索策略的启发式函数，进而引导强化学习的探索过程。于是，可以得到如图 3-4 所示的基于综合势能和 Double DQN 的强化学习算法求解模型。

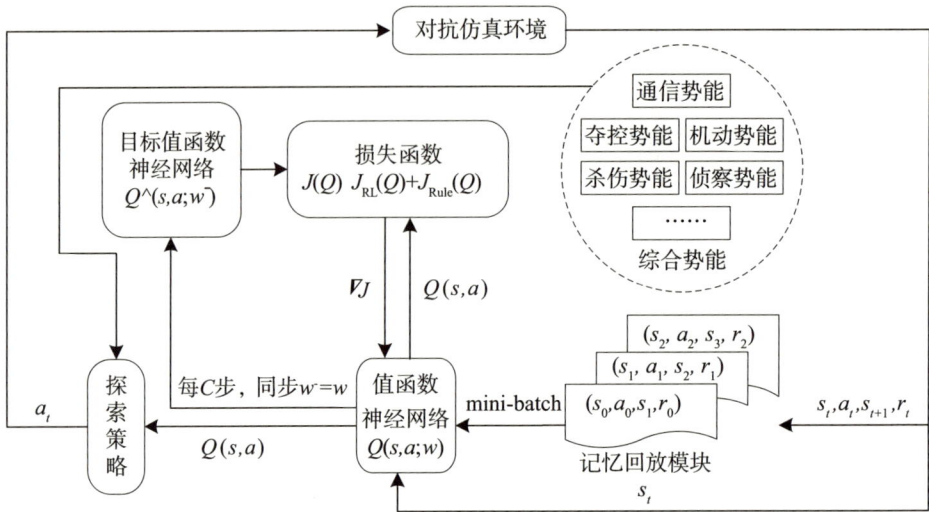

图 3-4　基于综合势能和 Double DQN 的作战行动序列生成

3.2.4　基于综合势能的作战仿真实验设计

1. 实验平台简介

系统实验平台环境为全国兵棋推演大赛使用的战术级兵棋系统，该兵棋系统为分队级规模的回合制推演系统。总体分三大模块：兵棋推演系统、接口平台、作战实体 AI 决策算法。其具体规则可参见全国兵棋推演大赛铁甲突击群兵棋推演平台，并在其基础上做适当简化，以便作为基于知识、规则和机器学习算法的实验性平台。平台运行框架如图 3-5 所示，智能决策算法可通过调用接口平台来查询获取战场态势信息，并控制棋子在推演系统中进行动作。

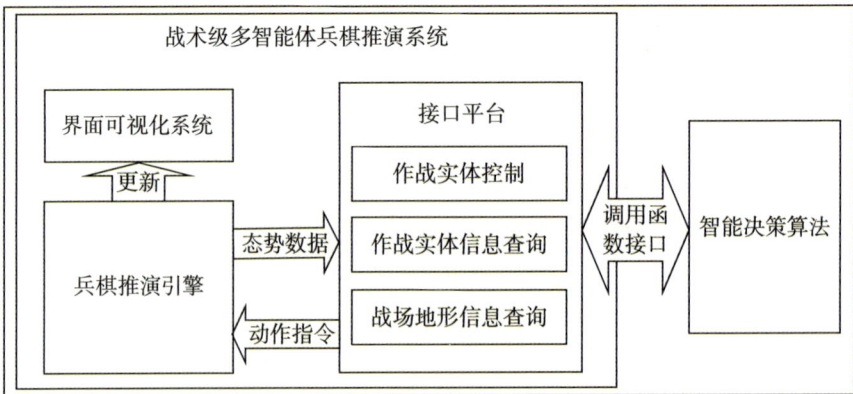

图 3-5　系统运行基本框架

2. 作战想定描述

以连级规划的城镇居民地遭遇战为基本战斗样式，双方围绕夺控要点为完成任务目标。红蓝双方各编成有坦克、步战车两类战斗单元的棋子，另各加强一个炮兵连的兵力提供火力支援，在城镇居民地上围绕 1 个夺控点（xx，xx）展开遭遇战斗，初始战斗态势如图 3-6 所示。

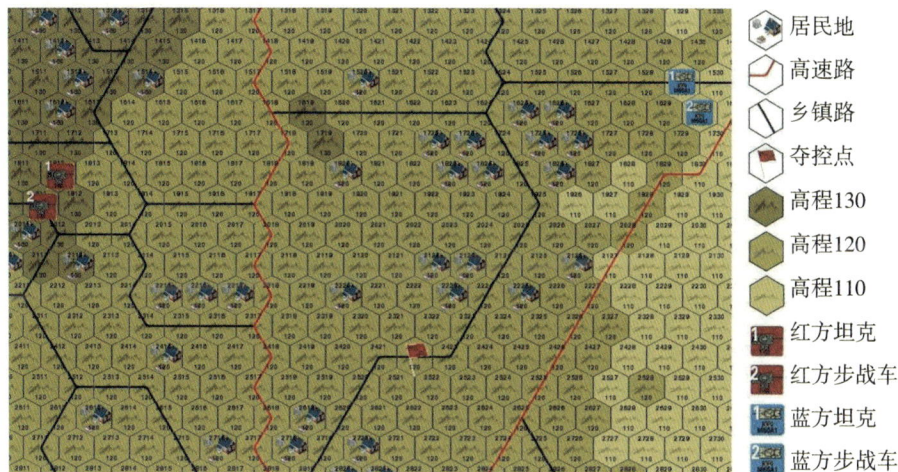

图 3-6　战术级多智能体兵棋推演初始态势

双方可操作作战实体：1 辆坦克、1 辆步战车和各自 1 个炮兵连火力。作战实体属性包括单位分值、装备型号、班排数、装甲防护、机动力、武器（包括攻击等级、攻击范围）、车辆编号等，兵力属性、编成与部署具体如表 3-3 所示。

任务目标：夺占夺控点；摧毁敌方所有坦克、步战车。两个任务目标完成任意一个即获胜。

表 3-3　红蓝双方兵力属性、编成与部署表

作战实体	所属方 p_0	单车（班）数 p_1	单棋子战斗力 p_2	单位类型 p_3	装甲类型 p_4	机动力 p_5	武器类型 p_6	最大攻击等级	攻击范围 p_7	部署位置 p_8
坦克	红	3	9	车辆	重型装甲	7	大号直瞄炮	10	15	1812
步战车	红	3	7	车辆	重型装甲	6	重型机枪	8	13	1911
坦克	蓝	3	10	车辆	重型装甲	7	大号直瞄炮	8	18	1529
步战车	蓝	3	7	车辆	重型装甲	6	重型机枪	10	13	1630

3.3 Actor-Critic 框架下基于知识的多智能体协同规划

基于规则的兵棋推演算法缺少针对不同想定的适应能力，本书针对兵棋算子的行动决策和战术决策的不同特点，侧重利用深度强化学习方法进行行动决策，并结合基于规则的战术决策，提出应用于兵棋推演的基于演员－评论家（Actor-Critic）强化学习框架的一种多智能体决策方法，分析了兵棋行动决策与马尔可夫决策过程的适应性，分析了行动决策的奖励设计过程以优化训练的速度和效果，完整介绍了本书的兵棋推演算法设计，最后选取实验想定进行仿真对比其他方法来验证本书方法的效果和合理性。

3.3.1 智能战术兵棋环境中强化学习的奖励函数设计

强化学习中的奖励函数可以看作一个映射关系，即智能体所做出的动作在当前环境中的好坏程度。大部分的状态动作空间中，奖励信号都为 0，即为奖励稀疏性。

如图 3-7 所示，在从 S_1 出发到 S_{n-1} 最终获得奖励值的过程中，第一回合中每个单步执行并不带来奖励值，即这个单步无论是好抑或坏都不产生奖励值，只有达到目标之后才能获得奖励值。

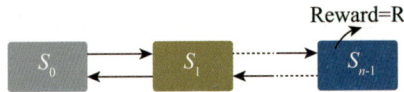

图 3-7　奖励稀疏性

在兵棋推演环境中，状态空间往往都很大，并且单个算子所采取的动作选择也较多，这导致了智能体首次达到目标的概率非常低，智能体首次达到目标的概率为

$$P=\frac{1}{|A|^{S}} \tag{3-24}$$

其中，$|A|$ 为智能体所能采取的动作的数量，S 是达到目标所用的单步数。从上式可以直观地看出，在兵棋推演这种大状态空间、智能体动作选择多的环境下，P 会很低，大量的无意义探索会导致算法收敛速度很慢、训练时间长等问题。

既然回合更新不适用于兵棋推演环境，则选择单步更新，对单步的好坏进行评价，对智能体给予额外的奖励，即

$$R=R^{'}+r(s,a,s^{'}) \tag{3-25}$$

其中，R 是最终的总奖励值，$R^{'}$ 是达到目标所获得的奖励值，$r(s,a,s^{'})$ 是单步更新的奖励值，如图 3-8 所示。这个过程称为 Reward Shaping。

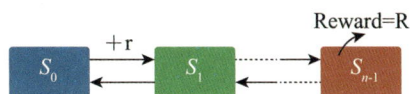

图 3-8 Reward Shaping 补偿

目前，陆战兵棋推演一般围绕一个或几个夺控点展开攻势。兵棋算子在地图中的可行动范围较大，如果采取获胜 / 失败这样的奖励方式，由于红蓝双方随机性太强，即使训练中一方获胜并获得正向的奖励值，也无法佐证获胜方本次的行动是值得奖励的。

对夺控点进行占领和对对手的打击是获胜的必要条件，因此本节奖励函数的设置与算子和目标夺控点的距离变化率有关。当算子出界时给予惩罚，当算子到达目标夺控点时给予奖励值，当算子距离目标夺控点更近时给予额外奖励值。本节中的奖励函数设置如下：

$$R = \begin{cases} -R_0, & \text{out} \\ R_0, & \text{win} \\ R_0 + r, & x \geqslant x^{'} \\ R_0 - r, & x \leqslant x^{'} \end{cases} \tag{3-26}$$

其中，常量 R_0 为夺取夺控点获得的奖励值，当算子出界时给予 $-R_0$ 的奖励值；x 为当前状态下算子距离夺控点的距离，$x^{'}$ 为在当前状态下选择动作 a 后距离夺控点的距离，r 为当算子距离夺控点近时的额外奖赏，计算如下：

$$r = \varepsilon \frac{\left| x - x^{'} \right|}{X} \tag{3-27}$$

其中，X 为算子的起始点距离夺控点的距离标量，ε 为变化率修正系数。

3.3.2 Actor-Critic 框架下的多智能体协同作战算法

Actor-Critic 算法是一种单步更新的深度强化学习算法，结合了 Value-Based 和 Policy-Based 的方法，具有连续的状态和动作。策略 $\pi(a|s)$ 表示选择输出动作的概率，$Q^{\pi(a|s)}$ 为采取策略 $\pi(a|s)$ 获得的奖励值。$Q^{\pi(a|s)}$ 越大，其对应选择的输出动作的概率就越大。$\pi(a|s)$ 沿着梯度的方向进行学习更新，策略梯度可写为

$$g = E \left[\sum_{t=0}^{\infty} \psi_t \nabla_{\theta} \boldsymbol{log} \pi_{\theta} \left(a_t | s_t \right) \right] \tag{3-28}$$

Actor-Critic 算法流程图如图 3-9（a）所示。利用上述 Actor-Critic 算法能够实现战术行动的动态决策，但是只能针对单算子进行训练。由图 3-9（b）可以看出，利用 Actor-Critic 算法实现的兵棋算子行动部署，每一个算子都有独立的一套网络：Actor 网络根据自身的状态观测量产生动作，Critic 网络同样根据自身的状态观测量

变化和动作进行评判更新。由于彼此互不关联，无法分享彼此的状态信息，相当于兵棋算子彼此间独自决策。

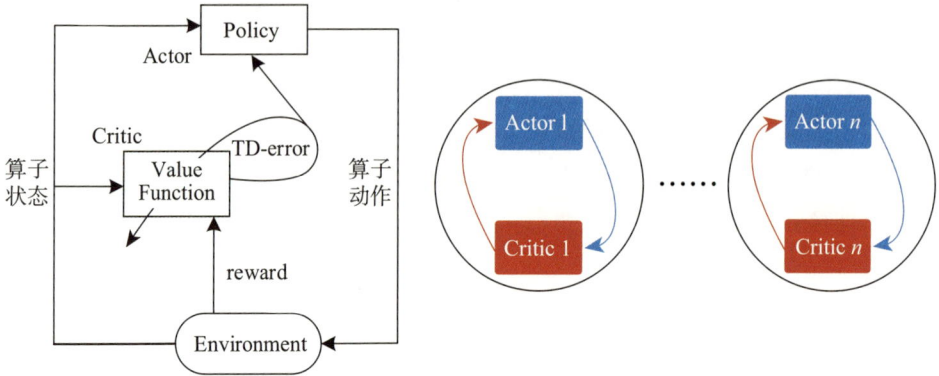

（a）Actor-Critic算法流程图　　　　　　（b）彼此算子封闭训练

图 3-9　传统 Actor–Critic 算法在兵棋推演中的实现

由于是兵棋环境，本节考虑的多智能体算子间的关系是合作，即多智能体算子均为本方算子，可以共享信息。兵棋推演中的合作需要算子根据自身具体环境采取动作，但是后方的指挥需要分享彼此的信息综合考虑。结合战场实际，算子（作战单位）拥有自身获取的局部状态观测量，指挥员（Critic）拥有全局状态观测量对作战单位进行指导。本节算子的行动部署采取分布式执行、集中式训练的方法，即每个算子的 Actor 都只能根据自身的信息采取动作，而每个算子的 Critic 都要根据全部信息进行更新和反馈。

本节采取的算法整体思路如图 3-10 所示，在敌方未进入射程之前，先让算子优先到达夺控点附近展开行动。在既可以战斗又可以机动时，根据两者之间的收益平衡来确定动作。下面将详细介绍行动决策和战术决策。

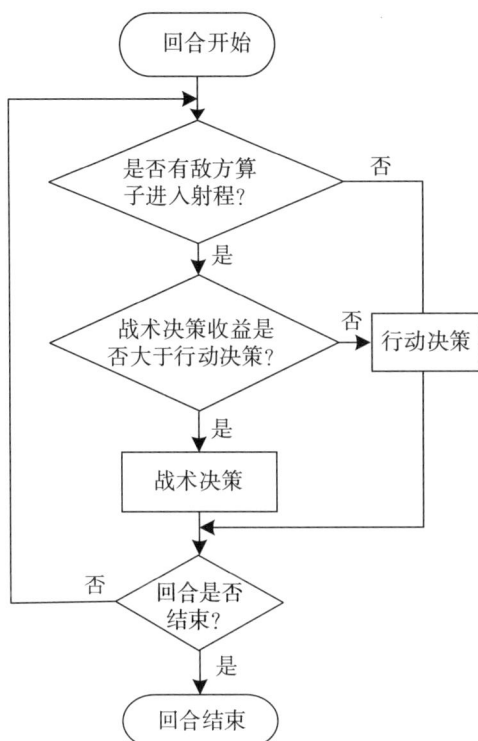

图 3-10　算法整体思路

1. 行动决策

多智能体的训练方式如图 3-11 所示。算子的行动决策建立有 Actor 网络和 Critic 网络。记算子为 $agent_i(i=1,2,\cdots,n)$。局部状态观测量 $\varphi(s_i)$ 是每个算子能够观察到的态势信息集合，包括本方算子 $agent_i$ 的横坐标和纵坐标、敌方算子的横坐标和纵坐标、夺控点 d 的横坐标和纵坐标以及攻击临界值 τ。全局状态观测量 $\varphi(s)=\varphi(s_1)\cup\varphi(s_2)\cup\cdots\cup\varphi(s_n)$，即所有局部状态观测量的并集。

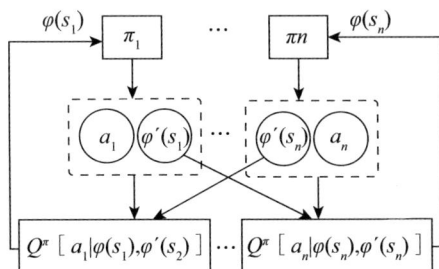

图 3-11　多智能体训练方式

每个算子$agent_i$的 Actor 网络都根据局部状态观测量$\varphi(s_i)$选择动作a_i，此时不考虑其他算子的影响；每个 Critic 网络的输入会将对应算子的动作a_i以及行动后的全局状态观测量$\varphi(s)$考虑在内，且每个算子都拥有自己的奖励值；每个算子的 Actor 网络更新时，Critic 网络输出的状态估计差值会输入进行更新，以此来调整 Actor 网络。

本节采取的分布式执行、集中式训练的行动决策算法如下：

for 回合 =1，最大训练回合数：
   初始化所有局部状态观测量$\varphi(s_1),\varphi(s_2),\cdots,\varphi(s_i)$
   for 单步 =1，最大训练步数：
在 Actor 网络中输入$\varphi(s_i)$，输出动作a_i
基于动作a_i得到新的状态观测量$\varphi'(s_i)$以及奖励值r_i
在 Critic 网络中输入全局状态观测量$\phi(s)$得到价值v_i和v_i'
更新 Critic：通过最小化$L(\theta_i) = [(r_i + \gamma v_i') - v_i]^{\frac{1}{2}}$
更新 Actor：$\theta_j \leftarrow \theta_j + \alpha \nabla_{\theta_j} \boldsymbol{log} \pi_{\theta_j}(S_t, a_i)\delta$
$\varphi(s_i) \leftarrow \varphi'(s_i)$
   end for
end for

v_i和v_i'分别是当前状态的价值和下一个状态的估计价值，取决于当前的全局环境状态观测量$\varphi(s)$以及动作执行之后的全局环境状态观测量。γ为价值折扣，$L(\theta_i)$为 Critic 网络的损失函数，θ_i为目标网络的参数，通过最小化损失函数来更新 Critic 网络，损失函数的作用在于评估 Actor 执行的动作带来的价值。S_t是 Actor 网络所需要的局部环境信息。a_i是算子执行的动作，θ_j为 Actor 网络的参数，δ为 Critic 网络评价得出的反向误差，更新 Actor 网络的目的在于调整动作输出的概率，朝着得到更高价值的方向调整。

2. 战术决策

兵棋算子的战术决策基于规则库进行选择。与神经网络这样的"黑箱模型"相比，规则具有更好的可解释性，能够使用户更直观地对判别过程有所了解。在兵棋推演的实验环境中，每一步选择有两个维度，即移动或射击。由于行动决策的不确定性以及开火对象的不确定性，兵棋地图状态空间大，会使训练的收敛速度很慢，很可能一场都赢不了，导致大量的无意义训练。

针对以上环境的特性，本节对兵棋算子的战术决策拟定了如图 3-12 所示的战术决策规则。动态数据库包含根据专家数据拟定的初始攻击临界值τ，其意义在于当算子既能够射击又能够机动时，选择哪一个动作能够获得最大的收益，τ 会随着算子的训练过程进行如下更新：

$$\tau = \begin{cases} \tau + \sigma \mid R_{\mathrm{wl}} \mid, \mathrm{win} \\ \tau - \sigma \mid R_{\mathrm{wl}} \mid, \mathrm{lose} \end{cases} \tag{3-29}$$

其中，常量 R_{wl} 为最终胜利或者失败获得的奖励值，σ 为修正系数。

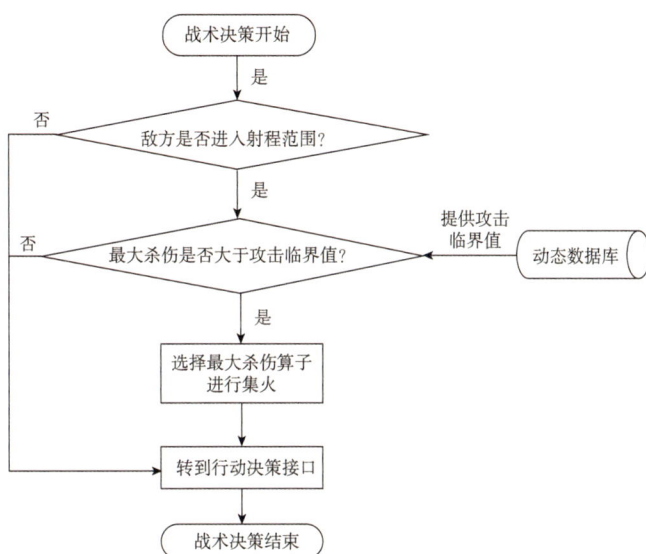

图 3-12　战术决策规则

3.3.3　算法仿真实验验证与分析

1. 仿真推演想定与环境

本节的算法应用于一种回合制六角格形式的智能战术兵棋推演，以全国兵棋推演大赛"铁甲突击群"兵棋推演平台为基础做了适当的简化，以便对算法进行验证。本节算法应用的兵棋地图对实地地形图进行了格式化处理，针对可能对作战行动产生影响的要素进行了量化，主要地形包括开阔地、丛林地和城镇居民地。地形因素会对算子受到的伤害裁决以及被观察视野产生影响。建制为连排级，装备为武器级，一个六角格的建模为实际中的 200 米，高程为 10 米。棋子的类型包括重型坦克和步战车，重型坦克和步战车每一单步均可向六角格的六个方向机动，其中坦克具备行进间射击能力，即在本次机动之后可以进行一次直瞄射击，而步战车只能选择机动或直瞄射击中的一个动作。在任意算子到达夺控点之后都可以用一次行动机会占领夺控点。每局推演获胜的条件为占领夺控点或全歼敌方算子。

表 3-4 为回合制六角格兵棋推演的推演流程，表格中所有动作执行一次为一个单步，当有一方达成胜利条件后回合结束。

表 3-4　回合制六角格兵棋推演的推演流程

算子类型	红方可选择动作类型	蓝方可选择动作类型
重型坦克	机动	机动
	行进间射击	行进间射击
	夺控	夺控
步战车	机动	机动
	直瞄射击	直瞄射击
	夺控	夺控

红蓝双方各包含一个坦克算子和一个战车算子，每个算子每回合可以向 6 个方向中的一个六角格行动但不允许越界，或对可开火对象进行射击，且智能体每次只能选择机动或者射击中的一个动作。一方算子全歼另一方算子或有一方取得对夺控点的控制则为获胜方。

2. 仿真实验结果分析

实验的 Actor 网络和 Critic 网络均通过 Tensorflow 库进行搭建。Actor 网络包含两个隐藏层；Critic 网络包含两个隐藏层，学习率为 0.01。训练均选择 300 回合以对比训练效果。Critic 和 Actor 的网络连接结构分别如图 3-13 和图 3-14 所示。

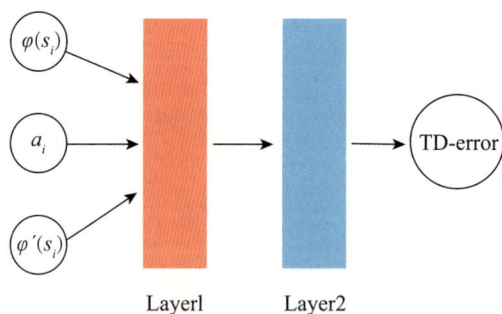

图 3-13　Critic 网络搭建

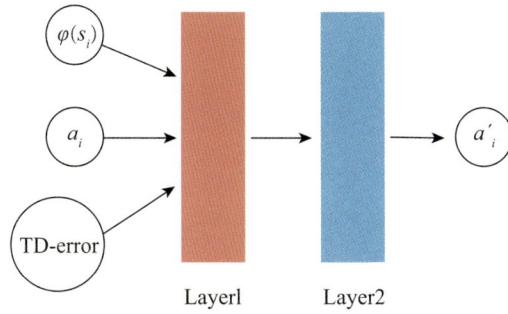

图 3-14　Actor 网络搭建

　　每个算子采用 Actor-Critic 封闭网络，即各自的评价网络彼此不分享信息，其回合—平均步数曲线如图 3-15 所示。图 3-16 为采用 Actor 各自分布式执行 \Critic 集中式训练分享信息的回合曲线—平均步数。从图 3-15 和图 3-16 可以看出，两种训练方式算子的步数都随着训练过程越来越少，这意味着算子以更短的路径朝着夺控点行进。相对于前者，采取分布式执行集中训练的方式，算子在 100 回合之后平均步数更加稳定，且更少。因此，在本节的实验环境中，Critic 网络整合全局状态观测量的集中训练能够让算子的行动决策更加高效、稳定。

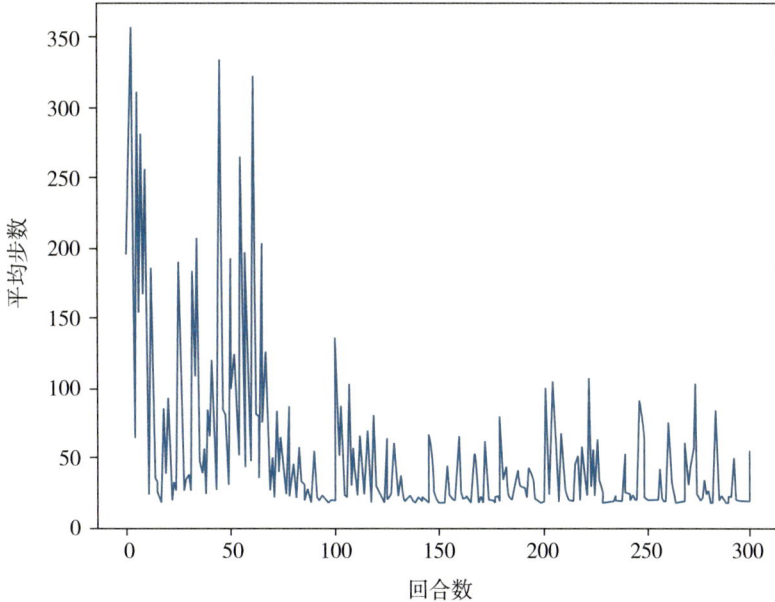

图 3-15　封闭训练算子的回合曲线—平均步数

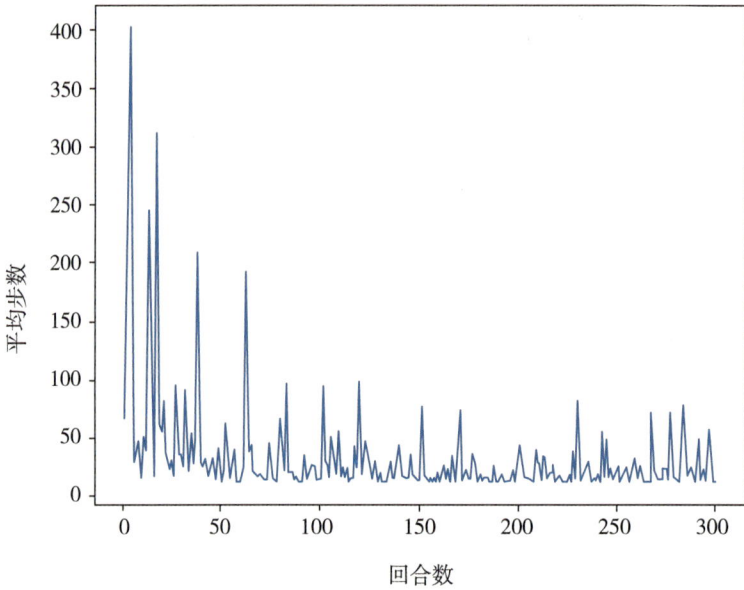

图 3-16　分布执行集中训练的回合曲线—平均步数

　　图 3-17 为采用第一种封闭网络训练的回合曲线—平均奖励值，在约 100 回合之后，平均奖励值曲线朝着正值的方向快速收敛；图 3-18 为采用分布执行集中训练的算子回合曲线—平均奖励值，相较图 3-17 中的方法，其平均奖励值更高，稳定性显著增强，并且提前开始收敛。

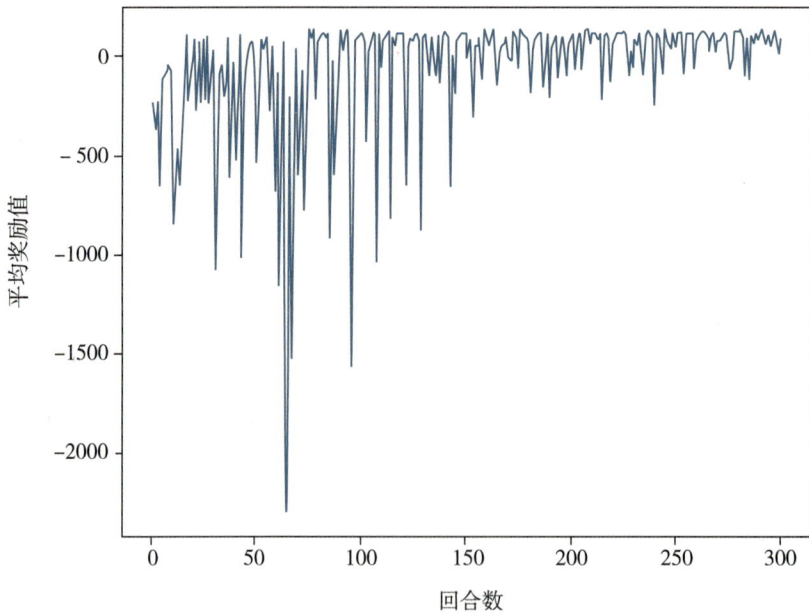

图 3-17　封闭训练算子的回合曲线—平均奖励值

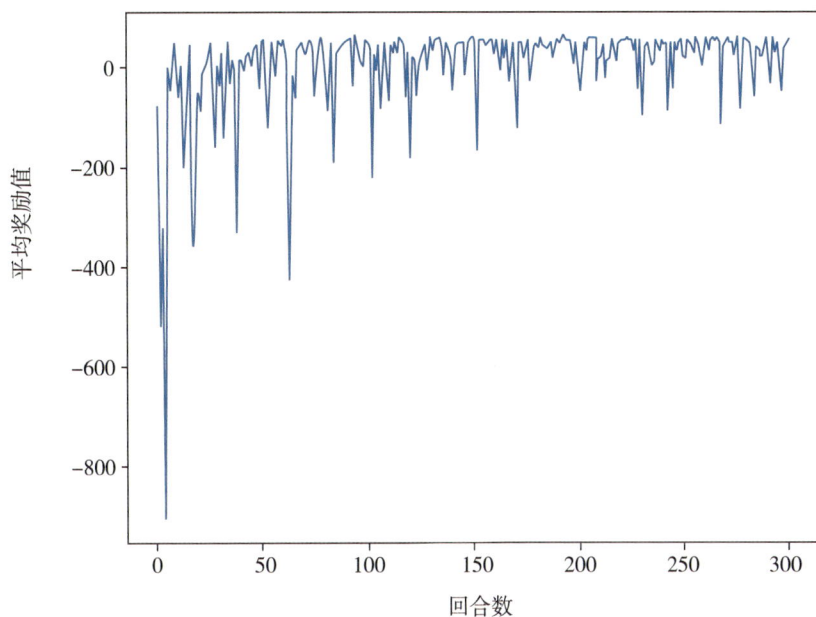

图 3-18　分布执行集中训练回合曲线—平均奖励值

图 3-19 为采用分布执行集中训练的算子回合曲线—总奖励值，算子的总奖励值在经历短暂的探索阶段后，受限于算子的随机选择，呈整体波动上升趋势，证明了基于 Actor-Critic 框架下的分布式执行集中训练的多算子强化学习的有效性。

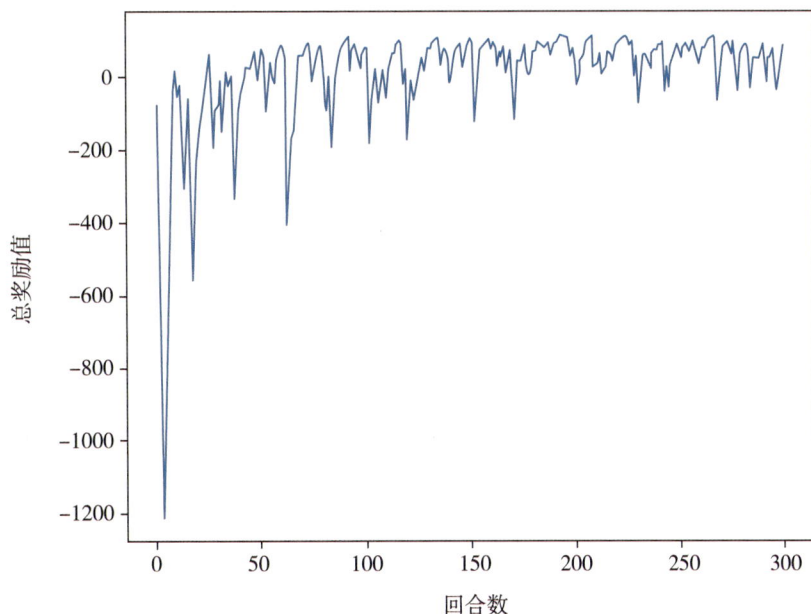

图 3-19　分布执行集中训练回合曲线—总奖励值

本节基于 Actor-Critic 框架和产生式战术规则对兵棋推演的多智能体决策方法进行了研究。行动决策采用分布式执行、集中式训练的方法，Critic 网络接收全局状态观测信息，从而兼顾了两个算子的状态信息；每个算子都拥有独立的 Actor 网络接收 Critic 网络学习产生的观测误差，并根据算子的局部状态观测量生成下一步动作。

通过对比基于彼此封闭 Actor-Critic 算法训练兵棋推演算子的方法，验证本节方法的有效性。从第一组对比的回合—平均步数曲线可以看出，无论单算子采用封闭的 Actor-Critic 网络训练还是采用分布执行集中训练，算子总体的平均步数随着训练回合的推进，波动都在变小，这也验证了 Actor-Critic 框架应用于本节所述的回合制六角格兵棋推演的应用场景中的有效性。但相较算子间态势信息不共享的方法，分布执行集中训练的方法的优点在于 Critic 网络分享彼此信息，使算子获得的态势信息更为丰富，这对加快训练速度和提出训练后得到的模型的稳定性作用明显。从图 3-16 和图 3-18 可以看出，在经历了同样多的训练回合数之后，分布执行集中训练的算子的单步波动程度小且数值较小，这意味着无意义的动作更少，因为某些无意义的机动动作会导致后续连续的无意义动作，导致单步数量的急剧上升从而波动。

第 4 章　数据驱动的多智能体博弈对抗协同规划

作战指挥实质上是敌我双方指挥员指挥所属诸军种兵实体展开博弈对抗的过程。基于深度强化学习技术为指挥员提供智能任务规划的辅助决策支持，解决多智能体协同任务规划的问题。在大规模地图和稀疏奖励的作战指挥模拟对抗环境下，单纯的深度强化学习算法会导致训练周期太长且训练无法收敛的问题。特别是在诸作战实体协同决策方面，传统 Actor-Critic 决策方法中的 Critic 网络只对单算子进行评价，多算子之间没有有效协同训练，也就无法协同完成任务。为解决上述问题，本章主要介绍了基于近端策略优化（Proximal Policy Optimization，PPO）的对抗算法，该算法实现了监督学习和深度强化学习的结合，并结合额外奖励设置的方法对强化学习奖赏函数进行了塑形。另外，我们在工程实践中还通过运用基于指挥决策范例数据的逆向强化学习（Inverse Reinforcement Learning，IRL）方法得到了"无模型"战术兵棋环境的奖赏函数，进而基于 DQN 算法生成了作战任务规划方案。

4.1　数据驱动的多智能体博弈对抗协同规划

4.1.1　作战实体博弈对抗算法设计

本节主要介绍基于人类高质量对抗博弈数据来引导强化学习完成智能任务规划的关键算法，先利用监督学习完成初始策略的学习，然后基于该策略来引导多作战实体完成强化学习训练。

目前，利用深度强化学习解决对抗交战环境下的作战任务规划面临着如下挑战：地图环境较大，直接使用随机初始化参数的动作决策神经网络进行训练会导致很难收敛或者陷入局部最优解的问题。为了解决这个问题，本节研究了一种由监督学习和深度强化学习相结合的算法，建立了相应的智能博弈训练框架，如图 4-1 所示。

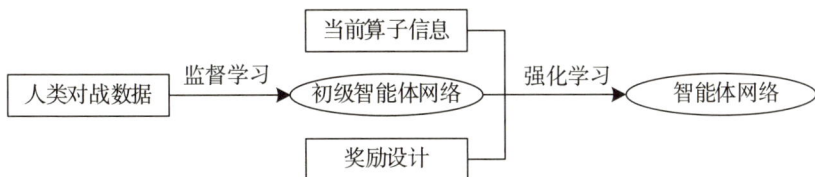

图 4-1　对抗交战条件下智能体博弈训练框架示意图

图 4-1 中，使用监督学习算法对人类对战数据进行模仿学习，将从仿真环境获取的状态信息作为监督学习的输入，输出数据作为当前状态下智能体采取的动作，利用人类在当前态势下的动作选择（人类与智能体之间的差别）对神经网络进行参数更新。经过对人类对战数据进行监督学习，智能体可以有效对对抗中的一些基本行为进行学习并获得初级智能体网络，最后使用深度强化学习算法和稀疏奖励设计继续对初级智能体网络进行训练，获得最终的智能体网络。

监督学习部分和深度强化学习部分是框架的主体，起到预训练和生成最终智能体网络的作用。下面将依次介绍监督学习过程和深度强化学习过程。

1. 监督学习过程

使用反向传播（Back Propagation，BP）神经网络对收集的人类对战数据进行监督学习。BP 神经网络是一个多层前馈神经网络，结构如图 4-2 所示，其主要由输入层、三个隐藏层和输出层组成，其中激活 1 和激活 2 使用线性整流函数（Rectified Linear Unit，ReLU），激活 3 使用 Sigmoid 激活函数。

Obervation   Action

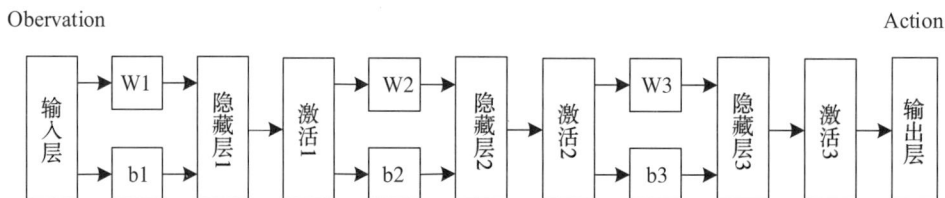

图 4-2　深度神经网络示意图

训练过程中使用预先收集的 1000 组人类对战胜方数据进行决策学习，经过信号前向传播以及误差反向传播对神经网络参数进行训练，其中训练过程中代价函数为

$$J(\Theta) = -\frac{1}{m}\left[\sum_{i=1}^{m}\sum_{k=1}^{K} y_k^{(i)} \log(h_\Theta(x^{(i)}))_k + (1-y_k^{(i)}) \log(1-h_\Theta(x^{(i)}))_k\right] \quad (4-1)$$

在参数更新过程中，结合事先收集的特定规则智能体对战数据，将当前态势做出的动作决策与当前神经网络计算做出的动作决策进行比对，再经过反向传递对神经网络参数进行更新，训练完成之后可以将初级智能体网络作为深度强化学习的初始智能体网络。

2. 深度强化学习过程

深度强化学习算法使用 PPO 算法，该算法结合了 Q-Learning 和深度神经网络的优势，是一种基于 Policy Gradient 和 Off-Policy 的深度强化学习算法，其相较置信域策略优化（Trust Region Policy Optimization，TRPO）算法更加易实现。PPO 算法将 TRPO 算法中的约束作为目标函数的正则化项，降低了算法求解难度。同时，PPO 算法采用截断（clip）机制，其目标函数如下：

$$L^{clip(\theta)} = \sum_{(s_t,a_t)} \min\left\{ r_t(\theta)\hat{A}(s_t,a_t), clip[r_t(\theta), 1-\varepsilon, 1+\varepsilon]\hat{A}(s_t,a_t) \right\} \quad (4-2)$$

其中，ε 为新旧策略的概率比，其说明新策略不会因为远离旧策略而获益。当 $\hat{A}>0$ 时，若 $r_t(\theta)>1+\varepsilon$，则 $L^{clip(\theta)}$ 取到上限值 $(1+\varepsilon)\hat{A}$；当 $\hat{A}<0$ 时，若 $r_t(\theta)<1-\varepsilon$，则 $L^{clip(\theta)}$ 取到下限值 $(1-\varepsilon)\hat{A}$。clip 直观示意图如图 4-3 所示。

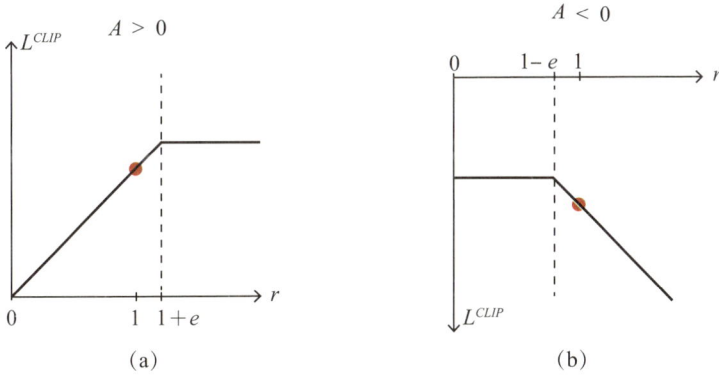

图 4-3 clip 直观示意图

在使用监督学习对人类数据进行模仿学习之后，初级智能体网络已经可以针对一些场景（状态信息模仿人类对战数据）进行决策。但在实际对抗过程中需要对更多的场景进行探索，故还需要在监督学习训练的基础上进行深度强化学习。本节所采用的基于陆战智能战术兵棋的深度强化学习算法主要流程如下：

Input：包括敌我信息和地图信息的状态信息

Output：智能体动作

Initialize：设置智能体神经网络参数为监督学习训练的参数

Repeat：

获取当前系统状态并将其结构化为 S

输入智能体神经网络计算输出动作 A

将输出动作输入系统，与环境交互反馈得到下一状态 S' 及奖励 A

将当前状态信息 S、输出动作 A、系统反馈的下一个状态 S'、产生的奖励 A 记录到缓存中，同时 buffer_size+1

IF buffer_size==64 or 当前推演结束 then 通过缓存数据更新智能体网络

Else 继续循环

Until 当前推演结束

4.1.2 基于 PPO 的算法实验验证

1. 仿真推演平台功能

与传统兵棋相似，智能兵棋推演也具有与常规兵棋一些相同的特点：第一，客观的规则制定；第二，自由的下棋过程。兵棋推演的主要内容包括棋子、棋盘、规则、骰子、回合以及裁决表。兵棋推演的核心是兵棋规则，包括规定棋子在地图上如何移动以及移动速度的机动规则和双方在发生交战之后判定双方战损的裁决规则，兵棋推演中的其他重要特点还有利用掷骰子来模拟战场上的随机性，兵棋推演所使用的地图环境一般较大等，这些特点都给兵棋推演智能体开发带来了一定的难度。本节结合上述兵棋推演特点，围绕基于深度强化学习的智能兵棋推演方法，主要实现以下功能：

（1）算子感知与动作模拟，即算子如何通过计算机语言感知兵棋态势信息以及如何通过对态势信息的分析输出下一步动作。主要解决思路为使用神经网络模拟人类，以态势信息结构体作为神经网络输入，通过训练神经网络参数以达到拟人化，计算输出动作。

（2）提升算子智能体训练胜率，即提升智能体在训练过程中对抗其他智能体的胜率，也就是提升智能化程度。主要解决思路为通过分阶段训练的方式，前期使用监督学习方法学习已有对战数据，通过学习胜方对不同态势下采取的动作使智能体学到基本的取胜操作，后期通过对抗不同智能体实现智能体的版本迭代来提升智能体的胜率。

（3）加快训练过程的收敛速度，即解决在智能体训练过程中的胜率不收敛以及收敛速度慢的问题，该问题的核心也就是稀疏奖励。主要解决思路为人为设计额外奖励，将额外奖励加入智能体训练过程中，以有效解决稀疏奖励问题。

2. 仿真推演想定与环境

本节所涉及算法在某在研兵棋推演对抗环境中进行设计与仿真，仿真环境使用 Python 实现，主要形式为回合制兵棋对抗。仿真地图为由六角格构成的多地形环境，有一个夺控点，对战双方各有两个算子（坦克），获胜条件为任一算子到达夺控点或者全歼对方算子。算法验证时，采用基于深度强化学习的智能体与基于规则的程序对抗的方式进行。图 4-4 为一部分仿真环境地图，地图基本地形信息包括城镇居民地、松软地、道路以及高程等，其中地图左边为红方两个坦克算子，右下标有红旗的六角格为夺控点。

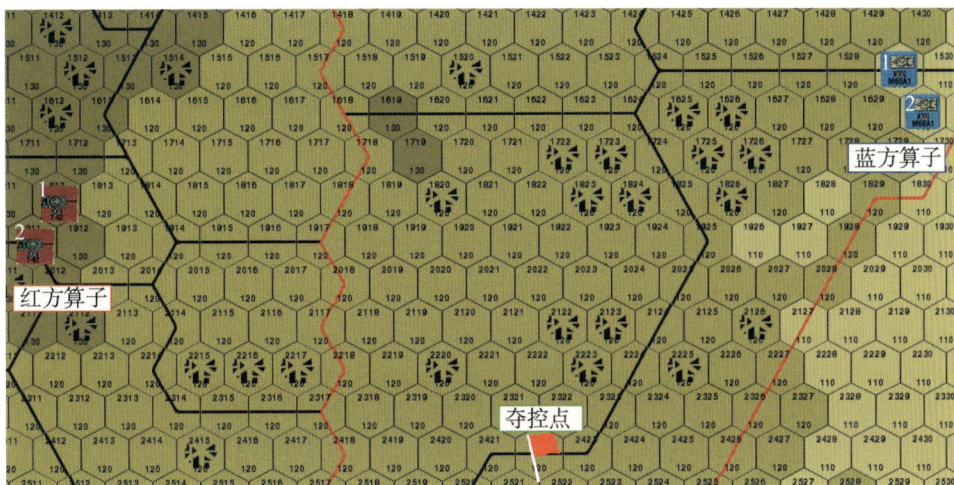

图 4-4　兵棋推演地图与想定（部分）

仿真环境的主要架构如图 4-5 所示，每个回合智能体通过仿真环境获取当前环境的状态（包括敌方信息、我方信息以及地图信息等），通过智能体中已经训练完成的或者正在训练中的神经网络输出我方当前回合的动作。

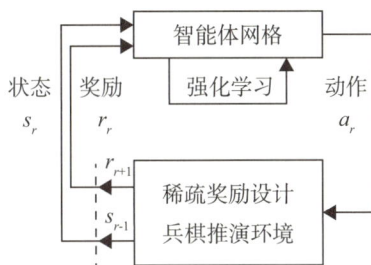

图 4-5　仿真环境架构

3. 仿真环境中额外奖赏设定

稀疏奖励问题是深度强化学习在完成实际任务中面临的一个核心问题，其本质是在深度强化学习过程中，训练环境无法对智能体参数更新起到监督作用。在监督学习中，训练过程由人类对战进行监督，而在强化学习中，奖励承担了监督训练过程的作用，智能体依据奖励进行策略优化。在本节所讨论的仿真环境中，由于兵棋推演环境只针对动作进行规则判断以及交战决策，并不在发生机动或者交战之后提供任何奖励信息，只会在我方算子到达夺控点或者全歼敌方算子之后发送胜利信息和敌方算子到达夺控点或者我方算子被全歼之后发送失败信息，也就是说训练过程中的每一步都是无奖励的。仿真环境奖励如图 4-6 所示。

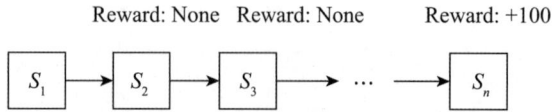

图 4-6　仿真环境奖励示意图

稀疏奖励的问题给算法收敛带来了一定的负面影响，甚至会导致算法无法收敛。本节使用额外奖励法解决稀疏奖励问题。经过对推演环境进行分析可以发现，由于推演环境判断对抗胜利条件为到达夺控点或者全歼敌方算子，因此本节在训练过程中根据上述经验加入了额外奖励，同时为了智能体在探索过程中陷入局部最优的情况，加入智能体获胜之前每多一个回合都会接受惩罚。具体额外奖励设置规则如表 4-1 表示。

表 4-1　额外奖励表

事　件	奖　励
比上个状态靠近夺控点	奖励 +0.1
比上个状态远离夺控点	奖励 -0.2
撞到地图边界	奖励 -0.5
每步消耗（防止进入局部最优）	奖励 -0.001
打中敌方算子	奖励 +（0.1 × 被打中算子所损耗战斗力）
被敌方算子打中	奖励 -（0.1 × 被打中算子所损耗战斗力）
歼灭敌方第一个算子	奖励 +5
歼灭敌方第一个算子（胜利）	奖励 +10
到达夺控点（胜利）	奖励 +10
敌方胜利	奖励 -10

经过验证，在加入上述额外奖励之后，训练过程中收敛速度可以得到明显加快，通知智能体陷入局部最优的情况也明显减少。额外奖励设计对 PPO 算法在仿真环境中的应用是至关重要的，下面结合额外奖励依托兵棋推演对抗环境进行深度强化学习流程设计。

本节所涉及算法在上述仿真环境中进行验证，智能体输入状态信息（智能体神经网络输入信息）包括地图信息、敌我双方算子信息等。输出编号与算子执行动作对应表如表 4-2 所示。

表 4-2　输出编号与算子执行动作对应表

输出动作编号	对应算子执行动作
0	向左移动
1	向右移动
2	向左上移动
3	向右上移动
4	向左下移动
5	向右下移动
6	攻击敌方算子 1
7	攻击敌方算子 2
8	转换为隐蔽状态

训练智能体所使用的 PPO 算法以及神经网络参数如表 4-3 所示。

表 4-3　PPO 算法及神经网络参数

参　数	值	参　数	值
Trainer	PPO	Epsilon	0.2
GAMMA	0.8	a_learning_rate	0.0003
a_update_step	10	c_learning_rate	0.0009
batch_size	32	update_step	10
critic_layers	2	critic_hidden_units	256
actor_layers	3	actor_hidden_units	512
Normalize	False	max_steps	10 000

4.1.3　仿真实验结果分析

在本实例中，训练智能体使用的强化学习优化算法为 PPO 算法，神经网络结构分别为 2 层的 Critic 神经网络和 3 层的 Actor 神经网络，其中 Critic 网络的学习率为 0.0009，Actor 网络的学习率为 0.0003，单次训练局数为 2000 局，训练过程中记录单局累计奖励变化情况。训练完成之后，对训练过程中产生的单局累计奖励变化情况进行可视化，可以看到 Agent 的训练结果。使用本书算法训练的智能体通过探索环境获得的奖励值曲线图如图 4-7 所示，可以看出在监督学习训练完成之后进行强化学习的过程中，每个回合结束之后，智能体在本回合获得的总奖励曲线是呈上升态势的。同时，在训练的后期，智能体每回合获得的总奖励值收敛在 12 附近，这说明智能体在经过训练之后找到了在当前状态下取得对战胜利的最优策略。

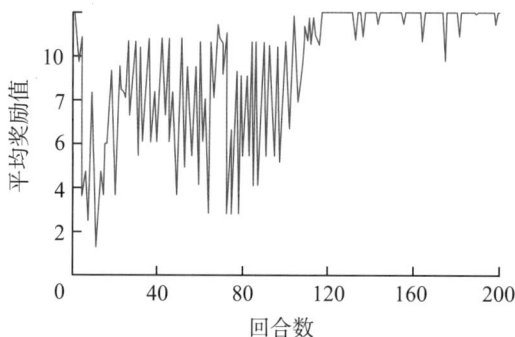

图 4-7　监督学习 +PPO 算法奖励曲线图

本书还设计了 3 组对比实验，图 4-8 为使用单 PPO 算法对智能体进行训练时的奖励曲线图，可以看出智能体的总奖励会在 1500 局左右收敛在 7.1 的局部最优点，此时随着训练回合数的提升，智能体也无法达到全局最优点；图 4-9 为不添加额外奖励时对智能体进行训练时的奖励曲线图，此时智能体可以获得的奖励只有 0 和 1 两种，经过 2000 局的训练，奖励值曲线无法达到收敛；图 4-10 为使用监督学习以及普通策略梯度（Policy Gradient，PG）算法对智能体进行训练时的奖励曲线图，可以看出在训练回合数达到 1400 局时有收敛迹象，但是在 2000 局训练结束时，依旧无法达到收敛。

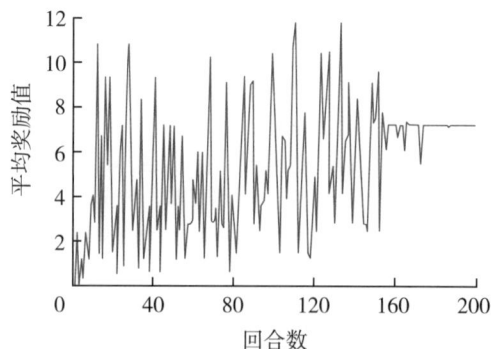

图 4-8　单 PPO 算法奖励曲线图

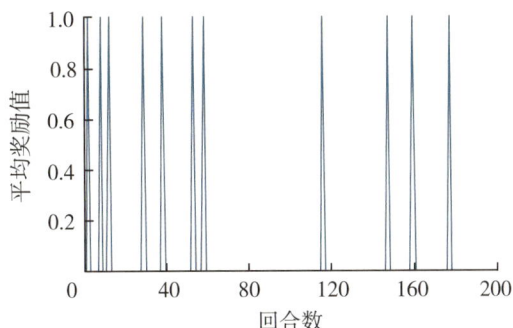

图 4-9 监督学习 + 无额外奖励 PPO 算法奖励曲线图

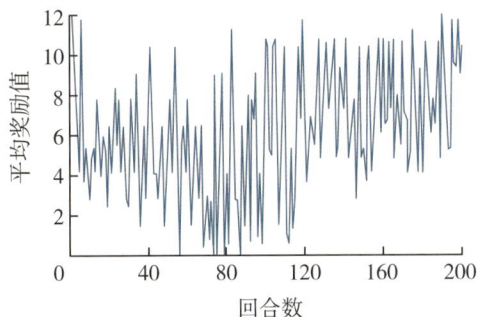

图 4-10 监督学习 + 普通 PG 算法奖励曲线图

训练完成之后，使用多组对比实验训练的智能体与测试智能体集进行实战对抗，测试智能体集由多种不同规则策略加不同程度随机化的智能体组成。经过对抗发现，仅使用监督学习算法训练的初始智能体进行对抗的胜率为 49%，使用单 PPO 算法训练的智能体进行对抗的胜率为 61%，使用监督学习 + 无额外奖励 PPO 算法训练的智能体进行对抗的胜率为 25%，使用监督学习 + 普通 PG 算法训练的智能体进行对抗的胜率为 72%，使用本书所述算法训练的智能体对抗的胜率为 85%。

4.2 基于逆向强化学习的陆战分队战术任务规划

4.2.1 基于深度强化学习的陆战分队战术任务规划模型

1. 基于 MDP 的分队战术规划过程描述

运用强化学习方法解决战术规划问题，可认为是在连续状态空间、离散动作空间上的多步强化学习过程，通常用马尔可夫决策过程（Markov Decision Process，

MDP）描述。马尔可夫决策过程是基于马尔可夫假设的随机动态系统，可用四元组 (S,A,P,R) 表达：

S 表示状态集（States）。

A 表示动作集（Action）。

$P(s'|s,a)$ 表示状态 s 下采取动作 a 之后，转移到 s' 状态的概率。

$R(s,a)$ 表示状态 s 下采取动作 a 获得的累积回报。

$r(s,a)$ 表示状态 s 下采取动作 a 获得的即时回报。

MDP 的学习任务目标就是找到一个最优策略实现最大化累计回报。战术行动方案推演中，行动实体 Agent 与战场环境的交互过程如下：在每个时间步长之后，Agent 通过观察环境得到状态 s_t，而后执行某一动作 a_t，环境根据 a_t 生成下一步长的 s_{t+1} 和 r_t。强化学习的任务目标就是在给定的基于 MDP 的分队战术规划过程中寻求最优策略 $\pi^*(a|s)$（状态到动作的映射）， $\pi^*(a|s) = P(a_t = a | s_t = s)$。这里的最优指的是 Agent 在一个战术规划轨迹上的累积回报值最大。累积回报定义为

$$R_t = r_{t+1} + \gamma r_{t+2} + \gamma^2 r_{t+3} + \cdots = \sum_{k=0}^{\infty} \gamma^k r_{t+1+k} \qquad (4-3)$$

其中， γ 为折扣因子，在每个时间步长之后，环境反馈回 Agent 相应的折扣回报。 $0 < \gamma < 1$，起到避免无穷大回报值的作用，并引入了未来回报的不确定性。当给定策略 π 时，假设战术规划的状态序列为

$$s_1, s_2, s_3, \cdots, s_n$$

此时，在选取策略 π 时，利用 R_t 计算公式可以计算该策略的累积回报，由于同一个战术规划问题可能有多个策略， π 有多个可能值，因此累积回报也是不确定的。为了评价状态某一个 s_t 的价值，我们需要定义一个确定量来描述状态 s_t 的价值，累积回报是一个比较合适的衡量指标。然而，累积回报不是一个确定值，因此无法进行描述，但其期望是个确定值。由此，我们得到 MDP 过程状态值函数的定义：当 Agent 采用策略 π 时，累积回报定义为状态值函数 $V^\pi(s)$，其在某一个状态 s_t 处的期望值为

$$V^\pi(s) = E\left[\sum_{k=0}^{\infty} \gamma^k r_{t+1+k} \mid s_t = s \right] \qquad (4-4)$$

显然，"状态值函数" $V^\pi(s)$ 能够衡量在采用策略 π 时，状态 s 有多好。然而，我们可能更希望得到在状态 s 下自己要选取的那个动作，因此定义：

$$Q^\pi(s,a) = E\left[\sum_{k=0}^{\infty} \gamma^k r_{t+1+k} \mid s_t = s, a_t = a \right] \qquad (4-5)$$

"状态 – 动作值函数" $Q^{\pi}(s,a)$ 值衡量了采用策略 π 时，在状态 s 下，采用动作 a 有多好。从定义可知，状态 – 动作值 $Q^{\pi}(s,a)$ 是对状态 s 累计回报的一种预测。对于某一个战术规划过程中的状态 s_t，即便它的即时回报值 r_t 很低，也不意味着它的 Q 值低，因为在该状态的后续状态 s_{t+1} 获取较高回报值情况下，仍然可以使该状态获取较高的 Q 值，即在某个状态时，动作的选择是基于 Q 值的，而非眼前的即时回报 r_t。Agent 在 s_t 选择动作的目标是使状态 s_{t+1} 具有最大的 Q 值，而不是获得最大即时回报的状态。因为从长远看，这些动作将产生更多的累积回报。然而，确定值函数比确定即时回报难得多，因为即时回报通常是环境直接给定，Q 值则是 Agent 在其整个决策轨迹过程中通过一系列观察不断估计得出的。因此，基于 MDP 的分队战术规划建模的关键是研究如何快速、准确地估计值函数的问题。在求解出值函数的前提下，就可以求取值函数的最优值：

$$V^{*}(s) = \max_{\pi} V^{\pi}(s), s \in S \tag{4-6}$$

$$Q^{*}(s,a) = \max_{\pi} Q^{\pi}(s,a) \tag{4-7}$$

由此，最终求解的最优战术行动序列应该满足：

$$\pi^{*}(s) = \arg\max_{a \in A(s)} \tag{4-8}$$

$$Q^{*}(s,a) = \arg\max_{\pi} V^{\pi}(s) \tag{4-9}$$

2. 基于 IRL 的陆战分队战术规划方法

从实际的分队战术规划过程看，其多步强化学习模型的状态空间和动作空间会随着其取值呈指数级快速增长。在如此之大的任务空间内搜索最优解，如果采用暴力搜索方法，对于一般计算机而言是一个近乎不可能完成的任务。事实上，分队决策人员不可能像机器一样去进行暴力搜索，而是会利用以往的训练经验去进行最优策略探索。这种对历史经验数据的利用即是逆向强化学习要解决的回报函数设计问题。陆战分队战术规划既有的训练数据包含大量高质量 "状态 – 动作" 序列的范例数据，反映了优秀分队指挥员的决策思维特征。多年来，实战化指挥决策训练轨迹数据的不断积累以及近年来深度学习方法取得的突破性进展为我们采用深度神经网络训练方法 "拟合" 指挥人员经验判断式的思维过程提供了充分的技术条件。基于指挥决策数据与深度 Q 网络（Deep Q Network，DQN）的逆向强化学习的基本思路如图 4–11 所示。

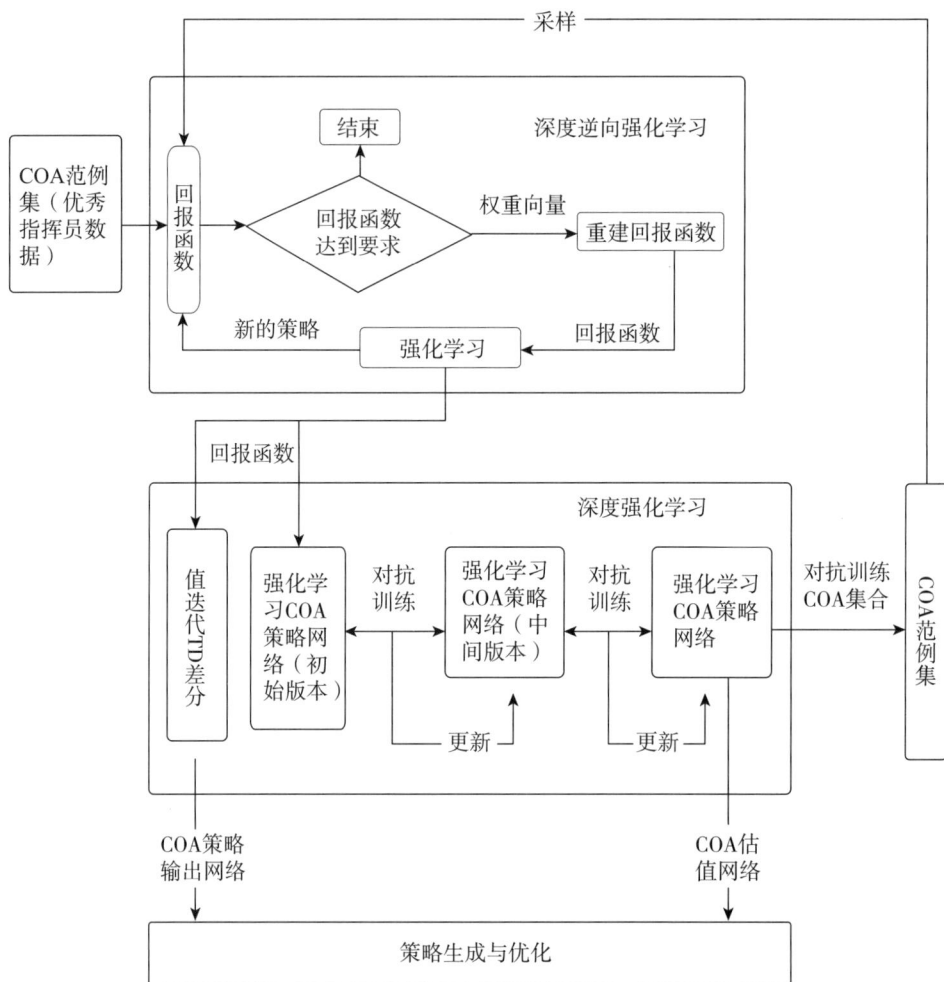

图 4-11　有限指挥决策范例数据下逆向强化学习过程

在逆向强化学习中，分队状态空间 S 和动作空间 A 是已知的，当行动 Agent 在决策空间按照策略行动时，将产生一个决策轨迹 $(s_1, a_1, r_1, s_2, a_2, r_2, \cdots, s_n, a_n, r_n,)$。欲使智能算法产生与优秀指挥员范例决策轨迹一致的行为，等价于在某个回报函数的环境中求解最优策略，该最优策略的决策轨迹与范例轨迹一致。假设回报函数用深度神经网络表达：$R(\boldsymbol{x}) = \boldsymbol{\theta}^{\mathrm{T}} \boldsymbol{x}$。其中，$\boldsymbol{\theta}$ 为深度神经网络的参数，$\boldsymbol{x}$ 表示状态特征向量，那么策略 π 的累积回报的期望为

$$V^{\pi} = E\left[\sum_{t=0}^{\infty} \gamma^t R(\boldsymbol{x}_t) \mid \pi \right] = E\left(\sum_{t=0}^{\infty} \gamma^t \boldsymbol{\theta}^{\mathrm{T}} \boldsymbol{x} \mid \pi \right) \tag{4-10}$$

从随机策略开始，根据范例决策轨迹迭代求解更好的回报函数，算法如下：

```
input: E
状态空间 S
动作空间 A
范例轨迹数据集 D={s_1, a_1, r_1, s_2, a_2, r_2, ⋯, s_n, a_n, r_n}
Begin:
  x̄* = 从范例轨迹中计算状态加权和的均值向量
  π= 随机策略
 repeat
  x̄^π = 从 π 的采样轨迹算出状态加权和的均值向量
  θ* = argmax_θ min_{i=1}^t θ^T (x̄* - x̄_i^π)
  π= 在环境 {S, A, R(x)= R(x) = θ*^T x} 中求解最优策略
 end
output : 回报函数 R(x) = θ*^T x 与策略 π
```

4.2.2　基于 IRL 和 DQN 的陆战分队战术规划求解模型

1. 陆军特战分队战术规划想定描述

小规模群体作战行动特别是特种作战、反恐作战成为信息时代我军可能遂行的重要行动样式。下面以 2011 年 5 月美军"海豹"突击队执行代号"海王星之矛"的击毙本·拉登突击行动为基本战术想定，构设与阿伯塔巴德市比拉尔镇本·拉登三层宅院基本吻合的任务场景，描述我某特种作战小组（以下简称"特战组"）开展定点清除特定目标的战术规划过程，其中包括可能遭遇的典型战术情况及其处置，如图 4-12 所示。在对该行动方案仿真推演过程中，将特战组视为单独的行动实体 Agent（假设该特战组为"火力突击队"），该战术规划可抽象为 8 个战术子过程，包括受领任务、搜索前进、交替掩护、待命支援、突击进攻等。考虑战术协同，将每个组员的行动抽象为特战组 Agent 的内部节点动作。

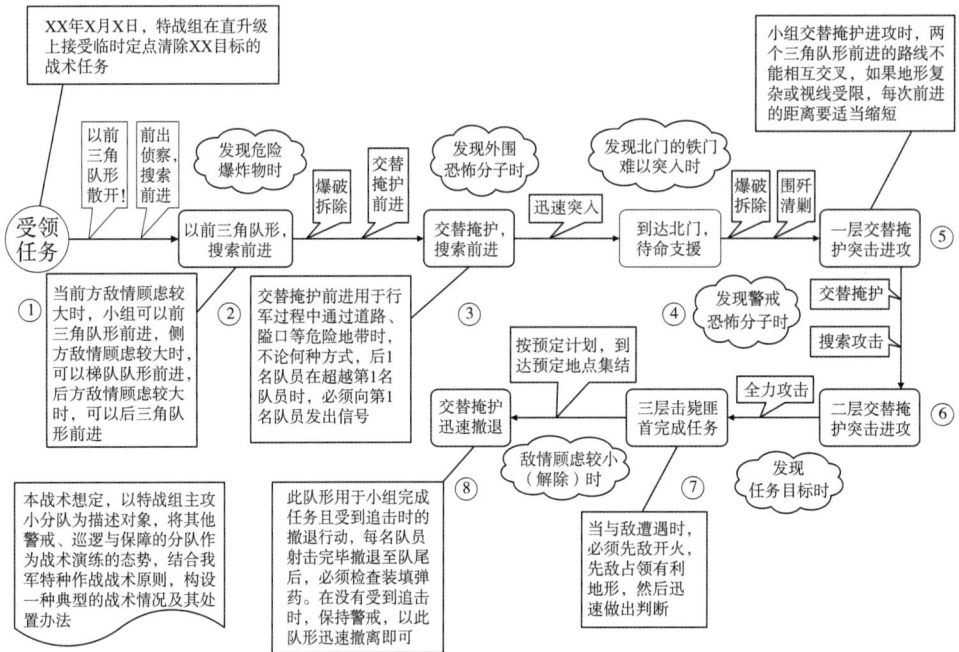

图 4-12 特战分队某次反恐处突战术行动规划过程

陆战分队战术仿真环境是智能规划模型进行强化学习的基础。仿真推演环境应至少包含地形地貌（2D 或伪 3D）、人员固有属性（射程、射击间隔、命中精度、武器噪声等）、损伤模型、人员的可见性、攻击因素（噪声、画面）的传播性。在环境中可以添加各类突发状况脚本，如部署地点变更、我方人员损伤、敌方人员增援、道路不通等。该规划问题的状态空间主要由敌我双方全部兵力构成，其中单个人员的状态属性有位置、战斗力指数等，如表 4-4 所示。动作空间由我方各个作战人员的动作构成，其中单个人员的动作有移动、射击等，如表 4-5 所示。以 30×30 单元大小的 Gridworld 为实验地形，我方特战小组队员数目 $m=5$，敌方作战人员数目 $n=8$。该多步强化学习任务的状态空间高达 1.02×2^{156} 个，动作空间达 1.64×2^{35} 个。

表 4-4　战术指挥决策状态空间描述

状态参数	位置坐标 x	位置坐标 y	战斗力指数 F
维　数	1	1	1
取值数目	30	30	5
状态数目合计	$S_{num} = (30 \times 30 \times 5)^{m+n} \approx 1.02 \times 2^{156}$		

表 4-5　战术动作空间描述

动作参数	移动 x（九宫格）	射击	蹲下	匍匐	攀登
维　数	1	1	1	1	1
取值数目	9	2	2	2	2
状态数目合计	$S_{\text{num}} = \left(9 \times 2 \times 2 \times 2 \times 2\right)^{m} \approx 1.64 \times 2^{35}$				

以特战组战术规划问题为研究对象，可以将该战术规划问题抽象为在一个 Gridworld 环境下，从规定的部署位置出发，通过持续的机动、射击、蹲下等战术动作选择，最终抵达战术目标点以完成定点清除任务的过程。其战术规划任务场景如图 4-13 所示。

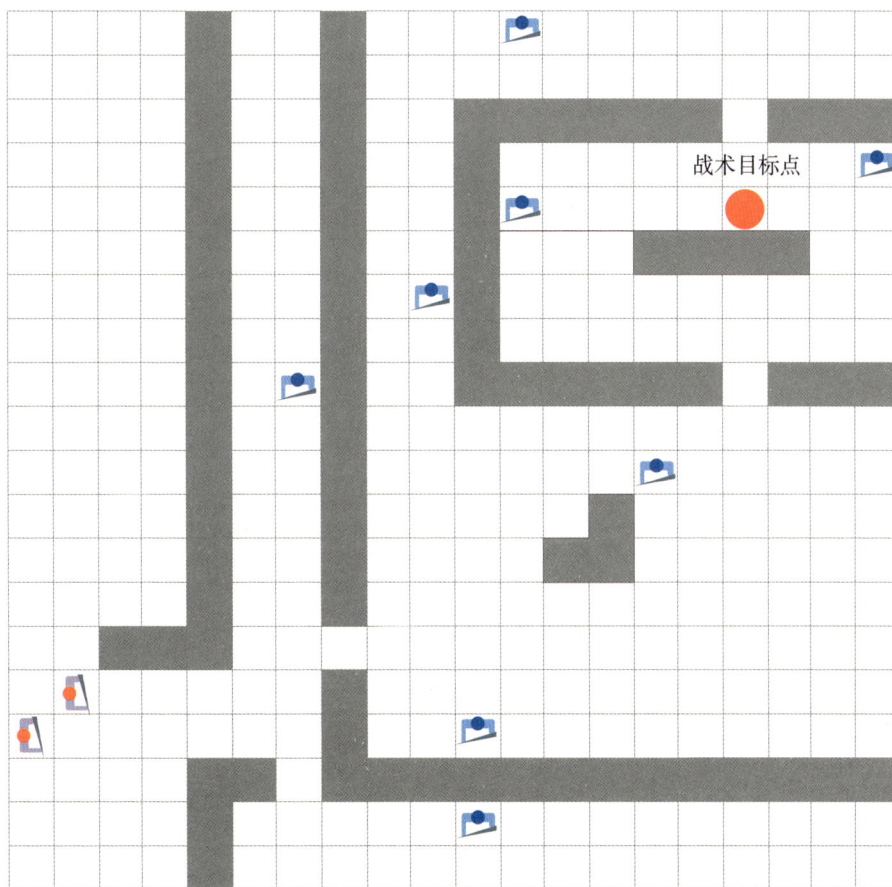

图 4-13　特战分队战术规划强化学习任务场景

假设特战组指挥员处于完全信息条件下进行战术行动规划，其智能规划模型的强化学习目标就是在与仿真实验环境（包括地形、友邻与对手）的持续交互中不断积累完成该战术任务的指挥决策经验，最终通过不断调整自身探索策略，来获得各关键决策点的行动策略，即最优 COA。

2. 陆军特战分队战术规划概念模型

陆军步兵营、连（排）分队一般在上级任务编成内遂行作战行动，其过程包括组织战斗与战斗实施两个阶段。组织战斗阶段，分队指挥员在受领任务后，一般按照了解任务、判断情况、定下决心、下达战斗命令、组织战斗协同的步骤实施；战斗实施阶段，分队指挥员根据上级意图、敌我态势和情况变化，灵活运用战术，对作战力量实施不间断指挥与控制，最终确保任务完成。无论是行动前的指挥运筹，还是战斗过程中的行动控制，战术指挥决策过程都可以理解为判断情况、定下决心、行动控制与效果评估这一个基本过程，这一过程可概括为定下战斗决心与实现战斗决心两个环节。战术行动方案推演评估从本质上看，可以描述为形成 COA、评估 COA、调整 COA 与选择 COA 这一基本过程，如图 4-14 所示。

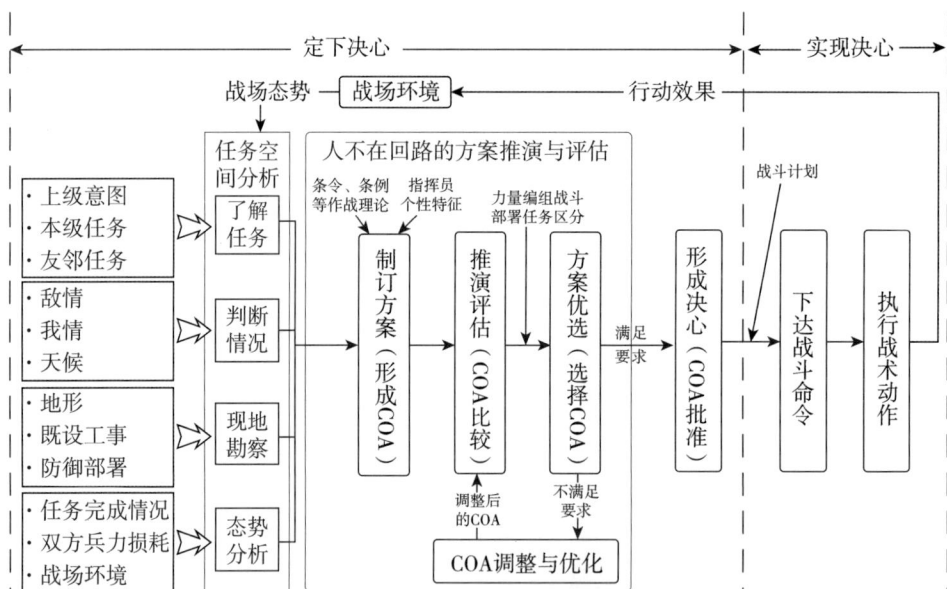

图 4-14　陆战分队战术指挥决策一般过程

3. 基于 DQN 的陆战分队战术规划方法

本书将 Ubuntu/TensorFlow 作为深度强化学习实验环境，选择 Python3.0 以上版本为程序开发语言，基于 DQN 算法实现对战术规划模型的逆向强化学习。其基本思路是，利用逆向强化学习方法从有限指挥决策范例数据中学习优秀指挥员对态势认知和指挥决策活动的模拟，即回报函数。通过构造深度 Q 网络拟合该战术指挥决策环境中的策略函数；在不断迭代地求解回报函数过程中，基于回报函数可以获得更好的策略函数，直至最终获得最符合范例轨迹数据集的回报函数和策略。这一基于深度 Q 网络的构造及其训练过程是确保战术智能决策的关键。

强化学习算法的基本思想是通过使用 Bellman 方程作为迭代更新来估计动作值函数 $Q^*(s,a) = E_{s'_\epsilon}[r + \gamma \max_{a'} Q^*(s',a') \mid s,a]$。这样的值迭代算法在 $i \to \infty$ 时 $Q_i \to Q^*$，可以收敛到最优的动作值函数。在实践中，由于动作值函数是为每个序列单独估计的，很难获取，因此通常使用函数近似来估计动作值函数 $Q(s,a;\theta) \approx Q^*(s,a)$。对于反映战术规划思维过程的值函数求解，使用神经网络这样的非线性函数近似具有更好的泛化效果。在采用神经网络时，θ 表示具有权重 θ 的神经网络函数近似器。

动作值函数 $Q(s,a;\theta)$ 的参数 θ 是通过最小化损失函数的方式进行计算得到的，损失函数定义为

$$L_i(\theta_i) = E_{s'\sim\varepsilon}\left[y_i - Q(s,a;\theta_i)\right]^2 \tag{4-11}$$

其中，s' 是状态 s 之后的状态，$y_i = E_{s'\sim\varepsilon}\left[r + \gamma \max_{a'} Q(s',a';\theta_{i-1})\right]$。求取最优动作就是在前代网络参数 θ_{i-1} 保持固定的情况下，优化损失函数 $L_i(\theta_i)$。对损失函数的参数进行微分得到梯度公式：

$$\nabla_{\theta_i} L_i(\theta_i) = E[(r + \gamma \max_{a'} Q(s',a';\theta_{i-1}) - Q(s,a;\theta_i))\nabla_{\theta_i} Q(s,a;\theta_i)] \tag{4-12}$$

在强化学习过程中，可以通过求解 Bellman 最优化方程：

$$Q^*(s,a) = E_{s'\sim\varepsilon}[r + \gamma \max_{a'} Q^*(s',a') \mid s,a] \tag{4-13}$$

得出最优解策略：

$$\pi^* = \mathrm{argmax}_\pi Q\left[s,\pi(s)\right], s \in S \tag{4-14}$$

对于深度 Q 网络的求解问题，一方面利用深度神经网络进行动作值函数的近似，另一方面采用 Experience Replay 机制，将探索环境得到的数据以记忆单元（s_t，a_t，r_{t+1}，s_{t+1}）的形式储存起来，然后采取从 Experience Replay Memory 中随机选取样本的方式来更新（训练）神经网络的参数，称为 Nature DQN。DQN 采用参数为 θ 的深层神经网络值函数进行近似，$Q(s,a;\theta) \approx Q^*(s,a;\theta)$，这种无模型的强化学习算法解决了"模型灾难问题"，采用值函数的泛化逼近方法则解决了强化学习的"维数灾难问题"。

采用 Nature DQN 训练的强化学习在对 Q 函数进行逼近时存在不稳定的现象，主要原因有以下几个：一是观察序列的数据具有较大的相关性，导致基于梯度下降

的优化算法失效；二是训练的 Q 函数的微小变化会导致策略的巨大改变，导致算法不易收敛。其中，Nature DQN 的 Experience Replay 机制解决了第一问题，即观察序列的相关性问题，Experience Replay 机制先将探索环境中的数据存储起来，之后从存储的数据中随机选择样本以更新深度神经网络的参数；第二个问题可以采用提出 Target DQN 迭代式更新的方式，进一步减小数据的关联性。该方法采用深度 Q 网络的参数延迟更新的方式降低 Q 网络的抖动对训练的影响，同时减少 Q 网络和 Target Q 网络的相关性。

利用人工智能开源平台 TensorFlow 构造深度学习环境，首先对优秀战术指挥员的决策训练数据进行预处理，构造"状态 – 动作对"轨迹数据，形成 TensorFlow 支持的文件格式；其次，利用深度学习机器平台进行深度神经网络模型训练，基于 DNQ 求解算法获得与范例数据轨迹一致的回报函数；最后，将训练好的回报函数模型导出，利用 TensorFlow Serving 部署到指挥决策支持平台中，进而在该回报函数的仿真环境中实现对多个应用场景战术行动序列的优化选择（假设仿真推演应用场景与历史训练数据采集场景基本一致）。其中，多个应用场景是指不同行动方案的任务目标、力量编成及可能的突发情况与障碍设置。可以看出，战术行动规划过程不仅要体现行动序列优化的选择，还需要反映战术指挥人员对方案敏捷性的把握程度。在多年指挥控制领域研究成果基础上，我们确立了评价作战行动方案敏捷性的指标体系，如图 4–15 所示。

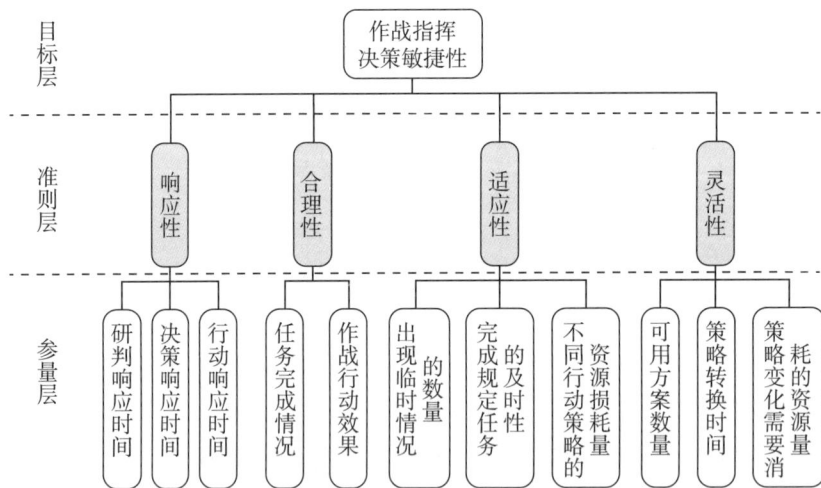

图 4–15　作战指挥决策敏捷性评价指标体系

基于 DQN 的陆战分队战术规划方案形成过程如图 4–16 所示。

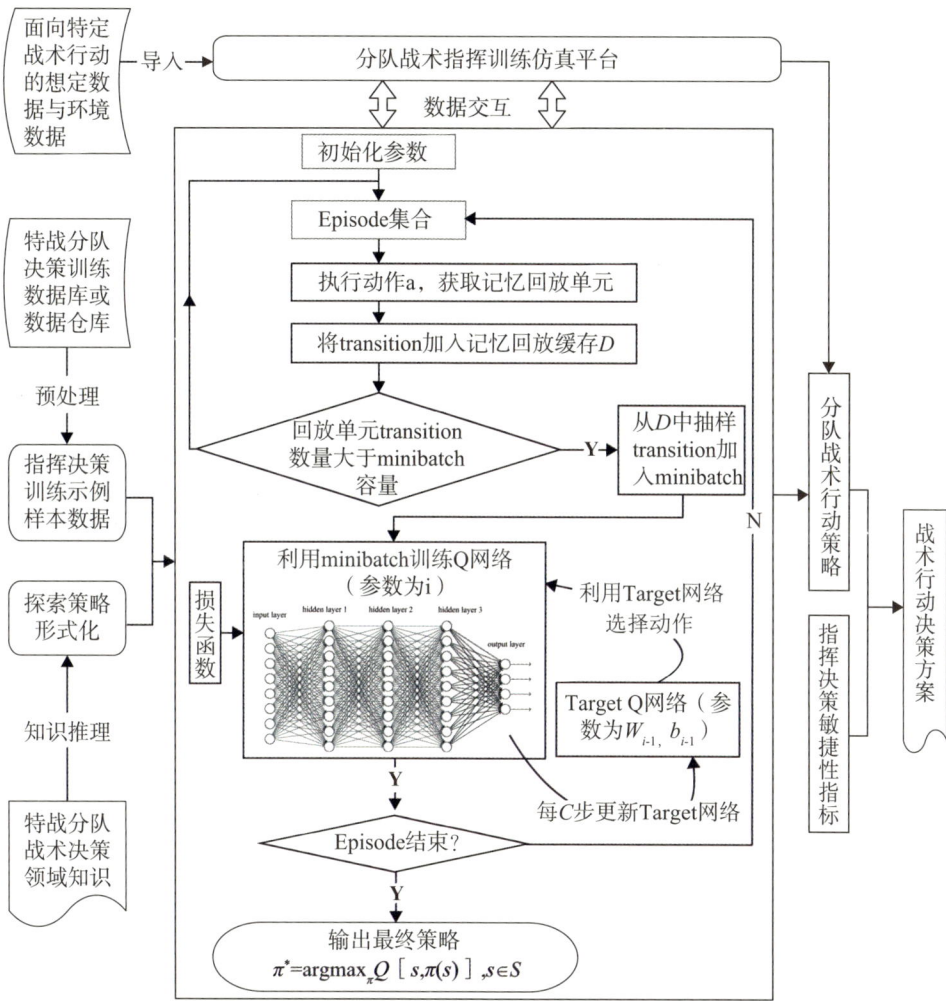

图4-16 基于DQN的陆战分队战术规划方案形成过程

4.2.3 实验方案总结

本节着眼于陆战分队战术规划多步强化学习任务问题，描述了分队战术规划的MDP过程模型，提出了深度学习与逆向强化学习相结合的技术解决方案，并给出了基于DQN的陆战分队战术规划技术框架。如何实现对指挥决策训练范例数据的预处理，在Ubuntu/TensorFlow实验环境中构建深度神经网络模型，运用深度神经网络实现对回报函数的非线性拟合，使之具有更好的预测和泛化能力，并与实战化仿真推演实验平台实现数据的交互是下一步分队战术和合同战术智能任务规划需要深入研究的重点问题。

第 5 章　离线学习与在线博弈结合的作战任务规划与评估

作战任务规划的合理性最终需要通过仿真推演与分析评估来给出。本书依托既有战术级指挥仿真实验平台，基于知识与数据构建的深度态势行动策略网，搭建离线与在线相结合的任务规划推演评估环境，解决离线式战前规划结果的合理生成与战中临机决策方案的序贯生成问题。强化学习可以看作因智能体与环境的交互而形成直觉模型的过程，将其与在线推理模型结合是提高学习与决策能力的一种重要方式。在红蓝博弈对抗过程中使用 MCTS 作为在线推理模型，可以通过闭合的学习回路逐步迭代提升决策能力。因而，MCTS 框架下知识与数据驱动的深度强化学习作战任务规划技术可以实现离线学习与在线博弈的有机结合，提升任务规划的合理性、适应性与时效性。

5.1　作战想定设计与实验平台选择

5.1.1　实验总体设计

本章主要基于全国兵棋大赛战术级陆战兵棋推演积累的想定数据，以自主研制的"先胜 1 号"陆战智能战术兵棋平台为依托，搭建离线学习与在线搜索相结合的任务规划推演评估环境，面向陆战装甲合成分队的作战任务规划问题，解决装甲合成分队作战方案的合理生成与推演评估的问题，实验的总体设计如图 5-1 所示。本章主要对由 MCTS 框架下基于综合势能和深度神经网络的陆战兵棋智能决策模型进行算例分析。最后，以陆战场要点夺控为典型应用背景，展开在线与离线相结合的任务规划并给出规划结果的合理性解释和适用性分析。

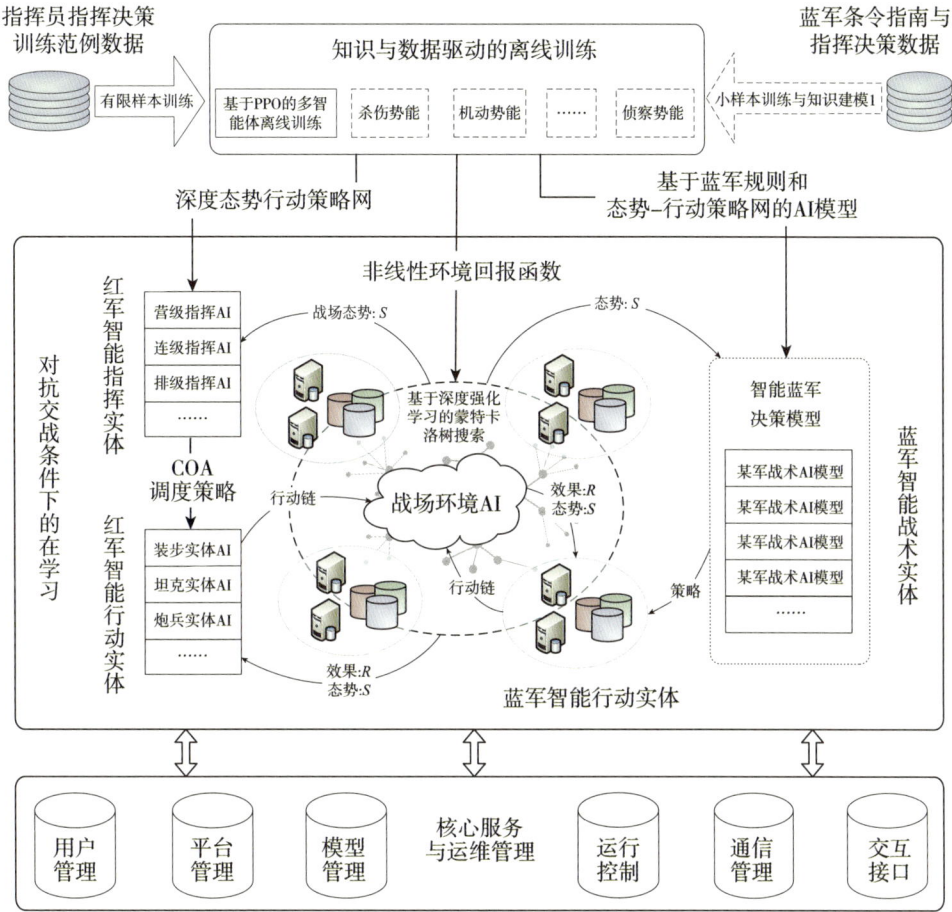

图 5-1　离线与在线相结合的智能任务规划推演评估框架

本书中的算法设计与验证是通过与 5 个基于规则的兵棋 AI 指挥员和 5 个基于强化学习的兵棋 AI 指挥员进行对抗不断优化改进得到的。为此，我们于 2019 年举办了代号"先胜杯"的智能战术兵棋对抗赛，分为两轮展开对抗，每轮对抗设置不同想定，分别从 AI 的胜率、算法速度和合理性三个方面对不同类型的智能任务规划 AI 算法进行综合评价（表 5-1）。

表 5-1 智能战术兵棋对抗赛算法排名

序号	类别	AI战队	A轮（40%）			B轮（60%）			总积分	排名
			评选指标	积分	总分	评选指标	积分	总分		
1	规则组	工侦联盟	（1）算法结果	45	72.2	（1）算法结果	50	82.63	78.46	7
			（2）算法时间	11		（2）算法时间	17			
			（3）算法合理性	16.2		（3）算法合理性	15.63			
2		棋谋智胜	（1）算法结果	60	99	（1）算法结果	54	82.5	89.1	2
			（2）算法时间	20		（2）算法时间	11			
			（3）算法合理性	19		（3）算法合理性	17.5			
3		红日	（1）算法结果	40	70	（1）算法结果	58	89.13	81.48	5
			（2）算法时间	14		（2）算法时间	14			
			（3）算法合理性	16		（3）算法合理性	17.13			
4		金陵智霸	（1）算法结果	50	74	（1）算法结果	48	72.5	73.1	9
			（2）算法时间	8		（2）算法时间	8			
			（3）算法合理性	16		（3）算法合理性	16.5			
5		铁甲依然在	（1）算法结果	55	87.8	（1）算法结果	52	87.25	87.47	4
			（2）算法时间	17		（2）算法时间	20			
			（3）算法合理性	15.8		（3）算法合理性	15.25			
6	强化学习组	无中生有	（1）算法结果	60	96	（1）算法结果	56	93.25	94.35	1
			（2）算法时间	20		（2）算法时间	20			
			（3）算法合理性	16		（3）算法合理性	17.25			
7		白给	（1）算法结果	50	80	（1）算法结果	60	95	89	3
			（2）算法时间	11		（2）算法时间	17			
			（3）算法合理性	19		（3）算法合理性	18			
8		钟山智狼	（1）算法结果	45	74	（1）算法结果	46	75.75	75.05	8
			（2）算法时间	14		（2）算法时间	14			
			（3）算法合理性	15		（3）算法合理性	15.75			
9		烽火	（1）算法结果	55	90	（1）算法结果	44	72.06	79.24	6
			（2）算法时间	17		（2）算法时间	11			
			（3）算法合理性	18		（3）算法合理性	17.06			

5.1.2　作战想定描述

以营连分队级规划某地形遭遇战为基本战斗样式，双方围绕夺控要点为完成任务目标。红蓝双方各编成有坦克、步战车两类战斗单元的棋子，另各加强一个炮兵连的兵力提供火力支援，在城镇居民地上围绕 1 个夺控点展开遭遇战斗，初始战斗态势如图 3-6 所示。

双方可操作作战实体：1 辆坦克、1 辆步战车和各自 1 个炮兵连火力。作战实体属性包括单位分值、装备型号、班排数、装甲防护、机动力、武器（包括攻击等级、攻击范围）、车辆编号等，兵力属性、编成与部署具体如表 5-2 和表 5-3 所示。任务目标包括夺占夺控点，摧毁敌方所有坦克、步战车。两个任务目标完成任意一个即获胜。为保证验证智能决策模型的合理性，需要构建合理的作战背景，即推演想定。对抗实验分两种想定背景。

表 5-2　1 号想定红蓝双方兵力属性、编成与部署表

作战实体	所属方 p_0	单车（班）数 p_1	单棋子战斗力 p_2	单位类型 p_3	装甲类型 p_4	机动力 p_5	武器类型 p_6	最大攻击等级	攻击范围 p_7	部署位置 p_8
坦克	红	3	9	车辆	重型装甲	7	大号直瞄炮	10	15	1707
步战车	红	3	7	车辆	重型装甲	6	重型机枪	8	13	1808
坦克	蓝	3	10	车辆	重型装甲	7	大号直瞄炮	8	18	1540
步战车	蓝	3	7	车辆	重型装甲	6	重型机枪	10	13	1641

表 5-3　2 号想定红蓝双方兵力属性、编成与部署表

作战实体	所属方 p_0	单车（班）数 p_1	单棋子战斗力 p_2	单位类型 p_3	装甲类型 p_4	机动力 p_5	武器类型 p_6	最大攻击等级 p_7	攻击范围 p_7	部署位置 p_8
坦克	红	3	9	车辆	重型装甲	7	大号直瞄炮	10	15	1812
步战车	红	3	7	车辆	重型装甲	6	重型机枪	8	13	1911
坦克	蓝	3	10	车辆	重型装甲	7	大号直瞄炮	8	18	1529
步战车	蓝	3	7	车辆	重型装甲	6	重型机枪	10	13	1630

1 号想定：推演地图为城镇居民地，在六角格分辨率为 100 米、幅员不少于 10 千米 ×10 千米的地图中，地图西侧红方两个坦克排从坐标（17，07），（18，08）出发，进攻位于（12，24）的夺控目标点（图上红旗），夺控目标点东侧有两个蓝军坦克排进行防御，其初始位置为（15，40），（16，41），红蓝双方各自拥有炮兵连火力，如果红方成功到达预定地域控制夺控点或者红方全歼蓝方坦克，则判定红方胜利，否则蓝方胜利。

2 号想定：推演地图为城镇居民地，在六角格分辨率为 100 米、幅员不少于 10 千米 ×10 千米的地图中，地图西侧红方两个坦克排从坐标（18，12），（19，11）出发，进攻位于（24，22）的夺控目标点（图上红旗），夺控目标点东侧有两个蓝军坦克排进行防御，其初始位置为（15，29），（16，30），红蓝双方各自拥有炮兵连火力，如果红方成功到达预定地点控制夺控点或者红方全歼蓝方坦克，则判定红方胜利，否则蓝方胜利。

5.1.3　陆战兵棋对抗平台

"先胜 1 号"陆军某战术兵棋系统是团队基于 Python/Pygame/PyQt5 及第三方库开发而成的一款实验室版陆战智能战术计算机兵棋系统。该系统由兵棋对抗系统和想定编辑管理系统组成，其中"地理棋盘、二维算子、推演规则和裁决表"组成兵棋对抗系统；想定编辑管理系统是一套可视化想定编辑器，将各种类型的武器装备结合各种兵力编组部署在兵棋地图上，形成初始态势，保存为想定，供对抗训练及比赛使用。

本次基于综合势能的陆战兵棋智能决策模型是在陆军某战术兵棋系统上进行搭建的。该平台支持人人对抗、人机对抗和机机对抗，可以用作人类选手的推演平台，也可以用来验证多智能体算法。陆战兵棋想定为营以下分队，最小算子分辨率为排或班，地图六角格分辨率为 100 米，幅员不少于 10 千米 ×10 千米，任意一方获胜条件为歼敌或夺控。双方算子可进行的动作包括机动、直瞄射击、隐蔽、呼唤间瞄。在该系统中，每回合选择机动只能向四周机动一格，炮兵间瞄单元部署于地图外。

平台总体分三大模块：兵棋推演系统、接口平台、作战实体 AI 决策算法。其具体规则可参见全国兵棋推演大赛铁甲突击群兵棋推演平台，并在其基础上做适当简化，以便作为基于知识、规则和机器学习算法的实验性平台。智能决策算法可通过调用接口 API 来查询获取战场态势信息，并控制棋子在推演系统中进行动作。为满足基于人工智能 AI 及规则 AI 的红蓝双方智能任务规划模型进行态势信息获取、分析和控制的需求，设计本次平台接口规范。该平台接口如下：

算子控制接口：算子控制接口是指用于控制算子行动的操作接口，在推演开始后，AI 通过战场信息做出相应决策后，使用该接口控制算子的行动。接口包括以下几个（括号内为动作选择空间）：机动（6）；遮蔽（1）；直瞄射击（2）；间瞄射击（全地图空间）。

查询工具接口：算子查询接口是指在推演过程中用于查询对抗双方态势信息，以便 AI 做出决策的接口。接口包括算子当前状态查询、算子观察状态查询。

分析工具接口：分析工具接口是为方便参赛选手分析战场态势提供的接口。该部分接口能够辅助参赛选手迅速完成各类战术计算，以辅助进行决策。接口包括攻击等级查询接口、临近六角格查询接口、距离查询接口、通视查询接口。

项目实验建立在基于 TensorFlow 的深度学习平台的基础上，项目拟在深度学习平台的基础上构建典型深度强化学习算法，为智能作战行为提供决策支撑，并在此基础上构建基于蒙特卡洛树和深度神经网络的知识推理模型，为行动方案的生成提供推理服务。此外，作战实验环境中的数据通过陆战兵棋服务器进行交互形成态势数据、行动序列和 AI 配置需求，并将其通过服务器传送给 AI 服务器。AI 服务器根据态势数据、行动序列和 AI 配置等信息进行学习和推理，形成深度神经网络训练需求，并传递给深度学习服务器。训练完毕后，AI 服务器根据训练好的网络模型进行决策和推理，生成行动序列和认知模型，通过服务器传送给智能辅助决策服务器，形成相应的行动方案和模型（图 5-2）。

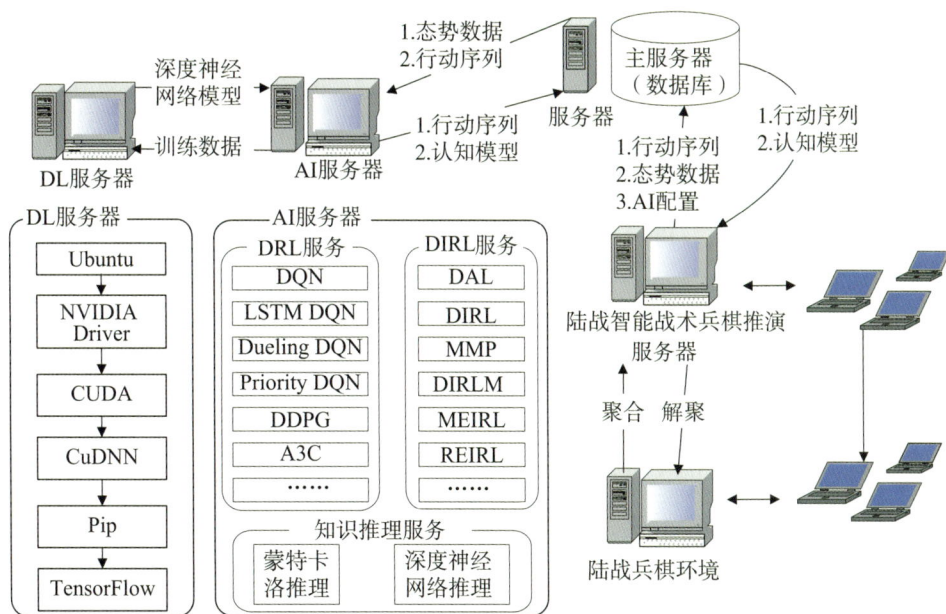

图 5-2　基于深度强化学习的智能作战任务规划系统实验架构

5.2　MCTS 框架下基于深度策略网的在线行动规划

在工程实践中，基于 MCTS 和知识驱动的深度强化学习算法的智能作战任务规划模型体现了较好的适应性，可在基于二元处理机制理论的专家迭代（Expert Iteration）框架下，结合蒙特卡洛树搜索（MCTS）与强化学习方法进行复杂决策推演分析。在训练阶段使用 MCTS 作为推理模型，通过闭合的学习回路逐步迭代提升决策能力。

5.2.1　蒙特卡洛树搜索基本思想与模型

在基于模拟的搜索中有一种较为简单的方法，简单蒙特卡洛搜索是基于一个强化学习模型 M_v 和一个模拟策略 π，对当前要选择的动作的状态 S_t 和每一个可能选择的动作 $a \in A$ 进行 K 次采样，这样，每个动作 a 都会得到完整的状态序列。

$$\left\{ S_t, a, R_{t+1}^k, S_{t+1}^k, A_{t+1}^k + 1, \cdots, S_{kT} \right\}_{k=1}^K \sim Mv, \pi$$

可以使用蒙特卡洛法来计算每个状态和动作的组合（S_t, a）的动作价值函数并选择最优动作。

$$Q(S_t, a) = \frac{1}{K} \sum_{k=1}^K G_t \qquad （5-1）$$

$$a_t = \arg\max_{a \in A} Q(S_t, a) \qquad （5-2）$$

简单蒙特卡洛方法和前向搜索相比，其对状态 S_t 和动作 a 数量上的处理能力提升了一个数量级。但是，如果我们要求解的状态动作数量是一个非常大的量级，如兵棋推演中的巨大状态动作空间，那么对于简单蒙特卡洛搜索来说，运算速度太慢。而且使用简单蒙特卡洛方法计算其动作价值函数时，会忽略模拟采样得到的一些中间状态和对应行动的价值，这种方法不能很好地利用这部分有价值的数据。

蒙特卡洛树搜索（Monte-Carlo Tree Search，MCTS）较好地解决了上述简单蒙特卡洛搜索存在的不足。MCTS 摒弃了简单蒙特卡洛搜索里面对当前状态 S_t 的每个动作都要进行 K 次采样的做法，而是对当前状态 S_t 总共进行 K 次采样，通过此方式采样到的动作只是动作集合 A 的真子集。这种方法可以使一些探索空间巨大的问题得到较为有效的解决，因为这种方法在很大程度上减少了采样的数量和采样后的计算，但其缺点是动作集中有很多动作没有采集到，导致错失一些更优的动作，这是在设计算法上的一个调和。

在 MCTS 中，基于一个强化学习模型 M_v 和一个模拟策略 π，当前状态 S_t 对应的完整状态序列如下：

$$\left\{S_t, A_t^k, R_{t+1}^k, S_{t+1}^k, A_{t+1}^k, \cdots, S_T^k\right\}_{k=1}^K \sim Mv, \pi$$

采样完成后，根据采样的结果，建立一棵 MCTS 的搜索树，进而通过搜索树计算价值函数 $Q\left(S_t, a\right)$，得出最大 $Q\left(S_t, a\right)$ 所对应的动作。

$$Q\left(S_t, a\right) = \frac{1}{K}\sum_{k=1}^K\sum_{u=t}^T 1\left(S_{uk} = S_t, A_{uk} = a\right)G_u \tag{5-3}$$

$$a_t = \arg\max_{a \in \mathrm{A}} Q\left(S_t, a\right) \tag{5-4}$$

MCTS 包括两个搜索策略。第一个是树内策略：当进行模拟得到的状态存在于当前的 MCTS 时而采取的策略。树内策略可以使用棋类游戏中较为常见的上限置信区间算法 UCT，也可以使用 ε- 贪婪策略，可以通过模拟的进行使策略得到持续改善。第二个是默认策略：如果当前状态不在 MCTS 内，那么使用默认策略进行状态序列的采样，并将当前状态保存到搜索树中。

上限置信区间算法（Upper Confidence Bound Applied to Trees，UCT）是一种策略算法，是一个从已访问的节点中选择下一个节点进行遍历的函数，其是蒙特卡洛树搜索中的重要函数。在兵棋推演中，经常会出现以下情况：当棋盘处于某种状态时，有两个动作可以选择，一个动作在历史记录中是 0 胜 2 负，另一个动作在历史记录中是 5 胜 6 负。如果按照贪婪策略，我们会偏向选择第二个动作。但是，第一个动作可能由于历史棋局少而没被选择，可能该动作也是不错的选择。于是，为使最优策略和探索间达到平衡，可以选择 UCT 算法。

$$UCT\left(v_i, v\right) = \frac{Q\left(v_i\right)}{N\left(v_i\right)} + c\sqrt{\frac{\log\left[N\left(v\right)\right]}{N\left(v_i\right)}} \tag{5-5}$$

在进行 MCTS 遍历时，最大化节点 UCT 的值。v_i 表示当前节点，v 表示父节点，Q 表示当前树节点累计的 quality 值，N 表示这个节点访问的次数，C 是一个常数，其可以控制利用（exploitation）和探索（exploration）的权重。这个公式对每一个节点求值以便后面选择。该公式分为两个部分：左边部分是当前树节点平均收益值（收益值越高，表示当前节点越值得选择，用于 exploitation）；右边部分表示父节点的总访问数除以子节点的访问次数（子节点访问次数越少则值越大，越值得选择，用于 exploration）。该公式可以兼顾探索和利用，很好地避免了贪婪算法导致局部最优问题。

在兵棋、围棋等棋类博弈问题中，一个动作只有在一场对局结束时才能得到真正的奖励。在一个完整的 MCTS 过程中，主要完成四个阶段：选择、扩展、仿真和反向传播。

第一阶段是选择：这一步从根节点开始，每次选择所有子节点中"最值得搜索的子节点"。一般使用 UCT 函数选择值最高的节点，一直到没有子节点的节点，即该节点在树中没有后续的节点作为参考，再进入下一阶段。

第二阶段是扩展：当前节点不存在子节点时，为其加上一个 0/0 的子节点，表示该节点未被访问过，没有历史选择记录。

图 5-3 为 MCTS 选择和扩展阶段。

所有被标记已访问的子节，点被完全展开

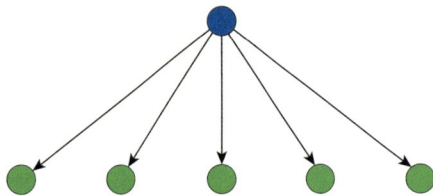

模拟/博弈的状态评估已经计算在所有绿色节点中,它们被标记为已访问

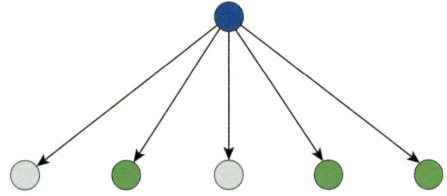

有两个节点没有开始单独模拟——这些节点未被访问,父节点没有完全展开

图 5-3　MCTS 选择和扩展阶段

第三阶段是仿真：用一个简单策略，（如快速走子策略）走到底，即使用此序列进行对抗，得到一个胜负结果（图 5-4）。

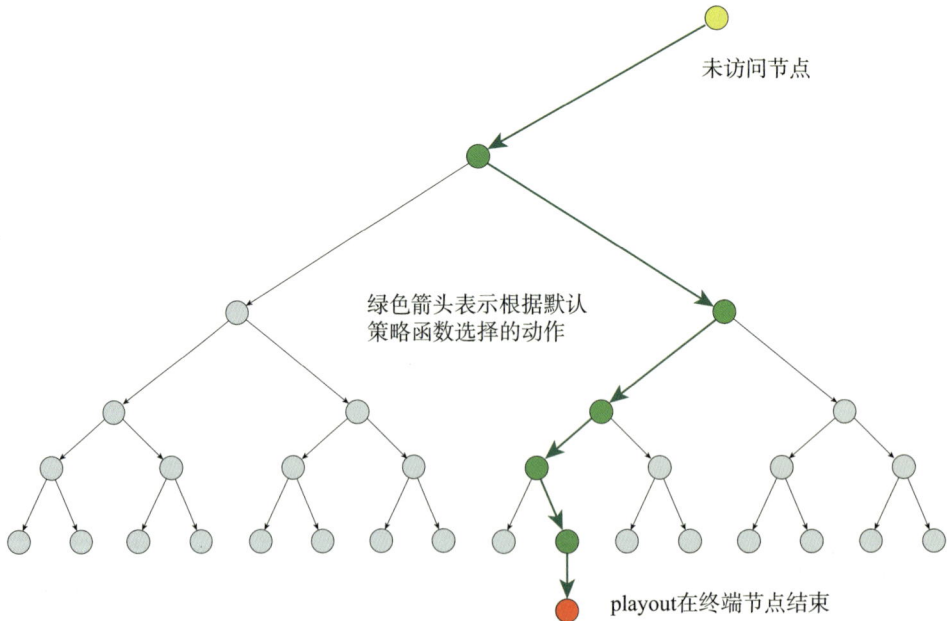

未访问节点

绿色箭头表示根据默认策略函数选择的动作

playout在终端节点结束

图 5-4　MCTS 仿真阶段

第四阶段是反向传播：将最终得到的胜负结果回溯加到 MCTS 树节点上。除了之前的 MCTS 树要回溯外，新加入的节点也要加上一次胜负历史记录（图 5-5）。

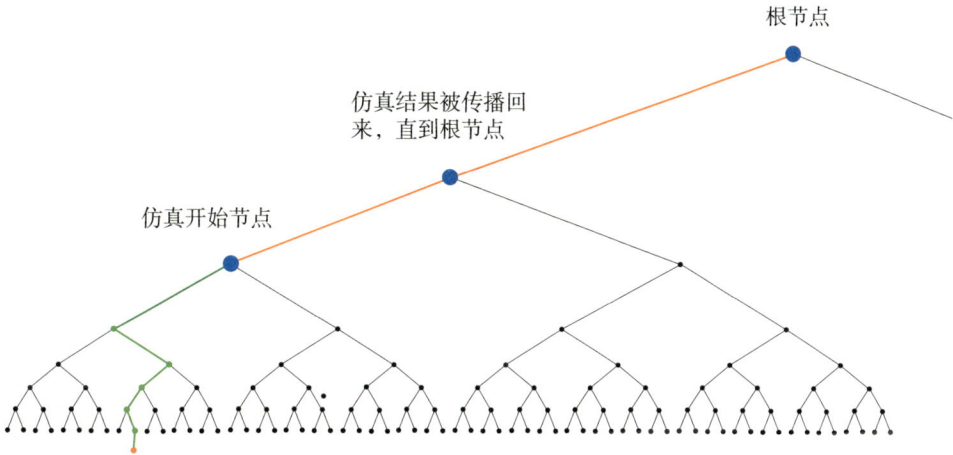

图 5-5　MCTS 反向传播阶段

通过采样建立 MCTS 搜索树，并通过四个阶段来持续优化搜索中的策略，进而对当前节点下最值得探索的动作进行选择。

深度强化学习利用深度卷积神经网络学习到的函数来拟合每次和环境交互的收益值，并将学到的函数代替每次和环境交互的结果应用到后面的博弈过程中。如果学习到的函数十分准确，那么这将会对后面的博弈过程有十分巨大的帮助。因此，以经典的比赛数据以及高水平的指挥员训练数据作为训练初始数据，以这种高质量的样本数据作为初始输入可以更快速地拟合出结果，也符合实际作战过程中实时性要求高的特点。过程描述为算法，项目采用回报函数 $r(s_t)$，在所有兵棋推演的非终结时间步 $t<T$ 时回报为零。收益 $Z=r(s_t)$ 是推演结束后的回报，在时间步 T 结束时 +1 标记赢下对方，-1 则表示输给对方。然后，使用随机梯度上升更新每一个时间终结时间步 t 的参数，其损失函数及参数更新方式如下：

$$\text{Loss}(\rho)=\sum_{a_t \in A}\Big[\log \mathrm{p}_\rho(a_t|s_t)\cdot p_\rho(a_t|s_t)\cdot z_t\Big] \tag{5-6}$$

$$\Delta\rho = \sum_{a_t \in A}\Big[1+\log p_\rho(a_t|s_t)\Big]\frac{\partial p_\rho(a_t|s_t)}{\partial \rho}\cdot z_t \tag{5-7}$$

其中，|A| 为可选动作个数，$p_\rho(a_t|s_t)$ 为在状态 s_t 下用策略 ρ 选择动作 a_t 的概率，$\Delta\rho$ 为损失函数对参数的更新量。

蒙特卡洛树搜索算法在搜索次数少的时候不具有统计意义，因此利用策略网络可以解决蒙特卡洛树搜索算法在前期盲目搜索的问题。根据高水平的指挥员推演数据直接进行输入，快速定位出势优的点，选出相对比较好的策略，这些策略可用来缩小选择的空间，删减不相关的策略分支，缩小搜索空间并快速走子，对博弈树中对应的节点进行评估。蒙特卡洛树搜索算法与深度学习得到的策略相结合，具体过程如图 5-6 所示。

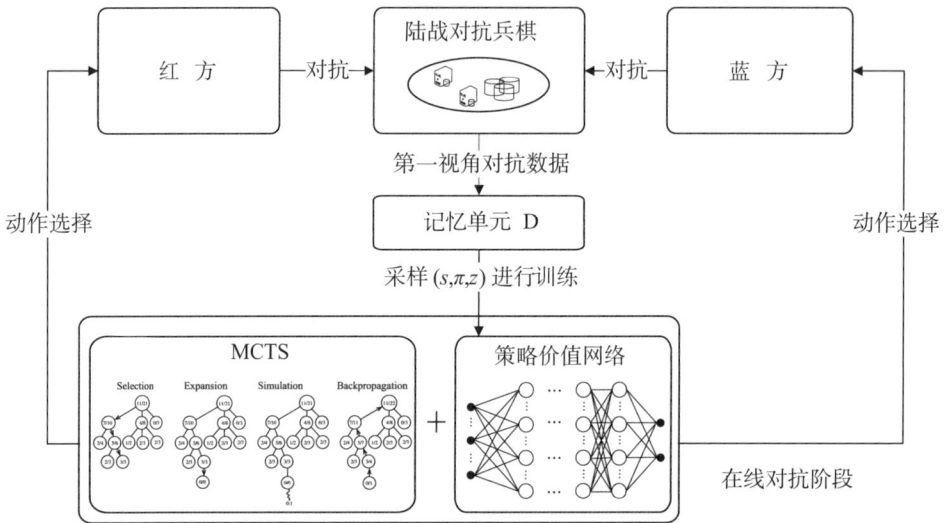

图 5-6　基于 MCTS 和深度策略网的作战行动在线对抗过程

在新的蒙特卡洛树搜索算法中，每条搜索边（s，a）会存储动作值 Q（s，a）、访问次数 N（s，a）以及先验概率 p（s，a），其中动作值 Q（s，a）为当前经过蒙特卡洛树搜索算法对分支（s，a）的估值，先验概率 p（s，a）为深度学习得到的监督策略 π 对当前兵棋推演局势的评估。每次蒙特卡洛树搜索算法的模拟从根节点开始，在 t 步模拟时，动作 a_t 按照以下公式进行选择：

$$a_t = \arg\max\left[Q(s_t,a)+u(s_t,a)\right] \tag{5-8}$$

其中，奖励值 $u(s,a)$ 及动作值 $Q(s,a)$ 如下：

$$u(s,a)=c\cdot p(s,a)\cdot\frac{\sqrt{\sum_b N(s,b)}}{1+N(s,a)} \tag{5-9}$$

$$Q(s,a)=\frac{1}{N(s,a)}\sum_{i=1}^{n}l(s,a,i) \tag{5-10}$$

由上述可知，$u(s,a)$ 与策略网络 $p(s,a)$ 成正比，但是在多次访问该分支 (s,a) 后，该部分的值会减小，这样会鼓励算法探索其他较少访问的分支。当蒙特卡洛树搜索模型模拟达到叶节点时，先按照策略网络对叶节点进行扩展，经过扩展后，会对每个新的叶节点进行评估，根据选择的快速走子方法进行快速仿真得到结果 z_L；在蒙特卡洛树搜索算法的第四阶段对仿真的结果进行回溯，更新每个分支(s,a)的动作值与访问次数。

5.2.2　基于 MCTS 和深度策略网的行动序列生成

基于推理模型的深度强化学习方法，将 MCTS 作为博弈推理结构引入强化学习中，利用 MCTS 的动作选择进行策略改进，利用 MCTS 的节点价值估计进行策略评估。整个训练过程主要有两个关键阶段：自我对弈阶段和神经网络训练阶段。在每个回合的自我对弈中，MCTS 通过搜索得到策略 π 和胜负结果 z，其中策略 π 可以认为是对神经网络策略 p 的改进，胜负结果 z 是对当前策略的评估。在自我对弈阶段，MCTS 算法同时进行策略改进和策略评估。在神经网络的训练阶段，使策略函数和估值函数分别趋向 MCTS 的策略和估值，即 $p \to \pi$ 和 $v \to z$。具体如下：

在自我对弈阶段使用 MCTS 算法，针对每个边 (s,a) 保存 4 个数值，即 $\{N(s,a),W(s,a),Q(s,a),P(s,a)\}$，分别为访问次数、累积动作值、平均动作值和动作的先验概率值，同时将 MCTS 由 4 个阶段合并为 3 个阶段。

（1）选择阶段：根据综合势能驱动的蒙特卡洛树 $a = \underset{a}{\arg\max}\left[Q(s,a)+u(s,a)\right]$ 进行动作选择，同时在先验概率中引入噪声 η［服从 Dirchlet（0.03）分布］：

$$P(s,a)=(1-\varepsilon)P(s,a)+\varepsilon\eta \tag{5-11}$$

其中，ε 为惯性因子。

从根节点 s_0 出发，在经过 L 步到达叶节点 s_L 的过程中，每步的动作选择均根据带先验知识的蒙特卡洛树进行。

（2）扩展阶段和评估阶段：到达叶节点 s_L 后，调用神经网络 $(p,v)=f_\theta(s_L)$，得到当前节点的概率值 p 和评估值 v，初始化节点为

$$\{N(s_L,a)=0, W(s_L,a)=0, Q(s_L,a)=0, P(s_L,a)=p_a\}$$

（3）回传阶段：扩展阶段和评估阶段后，将搜索后所得最新信息由叶节点回传到根节点：

$$N(s_t,a_t)=N(s_t,a_t)+1 \tag{5-12}$$

$$W(s_t,a_t)=W(s_t,a_t)+v \tag{5-13}$$

$$Q(s_t,a_t)=\frac{W(s_t,a_t)}{N(s_t,a_t)} \tag{5-14}$$

（4）实际执行动作：回到根节点 s_0，实际动作根据以下策略决定：

$$\pi(a\,|\,s_0)=\frac{N(s_0,a)^{\frac{1}{\tau}}}{\sum_b N(s_0,b)^{\frac{1}{\tau}}} \tag{5-15}$$

其中，τ为模拟退火参数，用于控制探索的程度。

在实际动作执行后，搜索树扩展的各个子节点信息会被保留。在下一步中，以新的节点为根节点，继续进行 MCTS 搜索。

（5）一个回合结束后，得到胜负结果z，对每步的战场态势和动作等信息进行记录(s_t,π_t,z_t)，其中z_t代表从当前智能体角度得到的胜负结果。将每步的(s_t,π_t,z_t)数据存入记忆单元D中。

在每回合交战结束后，开始神经网络的训练阶段。使用一个神经网络同时学习当前状态下的各个动作的概率分布和整体态势的估值，$(p,v)=f_\theta(s)$。从记忆单元D中采样数据(s,π,z)进行训练，目标是使策略函数和估值函数分别趋向 MCTS 的策略和估值，即$p \to \pi$和$v \to z$，因而构造的目标函数为

$$loss = (z-v)^2 - \boldsymbol{\pi}^{\mathrm{T}}\log p + C\|\theta\|^2 \qquad (5\text{--}16)$$

5.3 典型作战任务智能规划与分析评估

5.3.1 基于综合势能的智能任务规划算例分析

下面将对上述 5 个规则驱动 AI 中基于综合势能的智能规划模型的可行性、适用性等方面进行分析，模型通过综合评价进行路径机动，其指标因素 I=[夺控任务，防护效果，杀伤效果]，其对应权重 W=[0.4,0.24,0.36]，采用直瞄优先火力原则，尚未结合 MCTS 算法。在第一轮对抗中，胜负评判规则是基于上述想定分别与不同 AI 进行 100 局对抗，胜率高者获胜。

在陆战兵棋环境中，如果单纯使用 MCTS 进行路径探索，搜索树会十分庞大，在当前节点需要扩展 6 个节点进行探索，对下一节点又会继续扩展 6 个节点，对于兵棋这种基于模拟的搜索，只有在一场对局结束后才能知道当前动作序列的可行度，十分耗费时间成本，而且会探索许多无用节点，导致决策陷入死循环。为了探索 MCTS 学习路径，本书使用综合势能驱动 MCTS 进行路径搜索，结合构建的综合势能评估要选择的节点，从而达到减小搜索树广度、加快学习速度的目的。设定搜索树中节点名称为六角格的坐标(x,y)，节点结构包括该节点的父节点、子节点、被访问次数、在该节点获胜的次数。设定棋盘状态 [-1,0,1]，-1 代表本局输，0 代表本局未结束，1 代表本局赢。

本模型主要对 MCST 中选择和扩展两个阶段进行改造。在扩展节点时，并不是将所有可选择的机动方案都作为扩展的节点，而是对所有机动方案进行综合势能的评估后，将综合势能大的三个节点接入当前节点，同时限定探索范围 M，当节点超

出范围，则选择丢弃，对搜索树进行剪枝，减少了探索空间，加快了学习速度（图 5-7）。

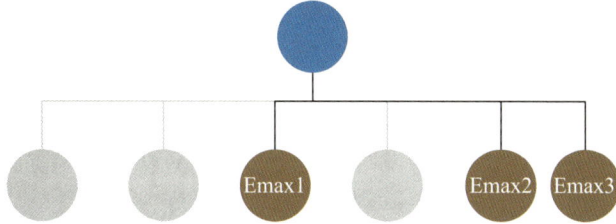

图 5-7　综合势能驱动 MCTS 扩展节点

在 MCTS 选择节点阶段，在利用和探索部分基础上加入综合势能评估部分，在评价节点历史表现的基础上，对节点进行多方面综合评估，可以避免选择节点时的盲目性。$E_{comprehensive,s,(x,y)}$ 是对节点的综合势能评价。

$$\text{New}UCT\left(v_i,v\right)=\frac{Q\left(v_i\right)}{N\left(v_i\right)}+c\sqrt{\frac{\log\left[N\left(v\right)\right]}{N\left(v_i\right)}}+E_{comprehensive,s,(x,y)} \qquad (5-17)$$

基于综合势能的兵棋决策模型，本章对该模型机动决策部分进行了改造，使其机动部分更新为由综合势能驱动 MCTS 进行路径探索。同时，构建了由综合势能驱动的 MCTS 智能兵棋决策模型，将其作为走子策略函数，加快了路径学习速度，提高了模型的适应性和胜率。

图 5-8 为综合势能驱动 MCTS 学习路径流程图。

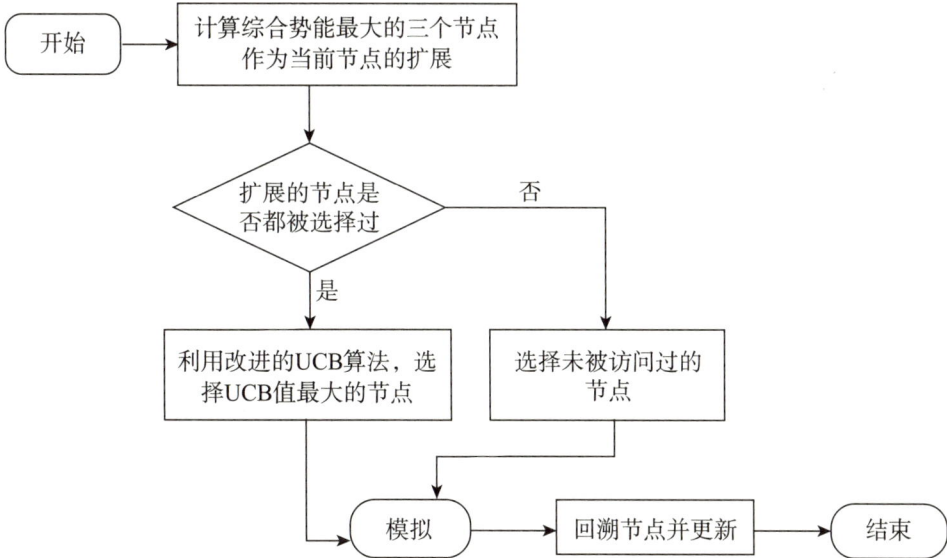

图 5-8 综合势能驱动 MCTS 学习路径流程图

经过对 MCTS 探索策略进行改进后，本书得出了由综合势能驱动的 MCTS 算子机动算法。当算子满足射击条件时，执行此机动算法（树内策略）；若不满足机动条件，执行规则算法（默认策略）。由综合势能驱动 MCTS 算子机动算法流程如下：

```
State=[-1,0,1]
限定探索范围 M
if 棋盘状态 ==0，对局未结束：
计算周围 6 个六角格位置综合势能 E_comprehensive, s, (x, y)
丢弃超出范围的六角格位置
提取其中最大 3 个六角格位置扩展为当前节点的子节点
for i in 子节点：
    if 访问次数 Visit == 0：
        选择该节点进行机动
计算子节点 NewUCT 值
选择 NewUCT 值最大者进行机动
elif 棋盘状态 == -1，对局结束，我方输：
获取本局机动节点
机动节点 Visit 值 +1
elif 棋盘状态 == 1，对战结束，我方胜：
获取本局机动节点
机动节点 Visit 值，Win 值各 +1
```

本模型对抗不同类型算法胜率不同，其中 PPO 算法基于 Actor 和 Critic 两个神经网络，通过缓存回合数据进行网络更新，使算法具有前瞻性；Actor-Critic 算法是基于概率选择和行为评判得分进行策略选择；1 号规则 AI 是基于方案优先级进行决策的规则算法；2 号规则 AI 是基于战场态势进行规则选择的算法；3 号规则 AI 是基于规则和随机最近距离的算法（表 5-4）。

表 5-4　两轮对抗赛中基于综合势能评价的模型对抗不同对手胜率

	PPO	AC	1 号规则	2 号规则	3 号规则
第一轮	42%	61%	82%	36%	78%
第二轮	43%	41%	83%	37%	81%

第一轮对抗中该模型总体排名第三，不敌 PPO 算法和部分应对策略完善的规则 AI 算法，在对抗基于态势规则的算法 AI 时，该算法暴露出适应性差的缺点。

第二轮对抗赛是在第一轮比赛基础上更换了想定，想定为 2 号想定。经过多轮对抗，前三名分别是基于随机性策略的算法、PPO 算法和 AC 算法。更换想定后，该模型在对抗一些算法方面能够得到高胜率，但面对适应性更强的强化学习算法，其对对手的适应性和对想定的泛化性较差，对抗不同对手时不够灵活，无法在线对不同对手更新战法。但是，该模型算法速度较快，在面对测试 AI 进行 40 局对抗时，9 支队伍平均用时 3 分 12 秒，该模型能够达到 84 秒。

经过两轮对抗，基于综合势能评价的模型算法的灵活性、适应性较弱，原因在于想定的不同导致其所处地形环境不同，判断条件十分复杂，寻得的路径并不一定是当前的最优解，而且不能很好地利用在线对抗知识，导致胜率不同。

5.3.2　基于 MCTS 和综合势能的智能任务规划算例分析

本节将用由综合势能驱动 MCTS 智能决策模型算法、首轮对抗中规则组第一名 AI、强化学习组第一名 AI、决赛第一名 AI 和决赛第二名 AI，并对兵棋地图进行更换，来验证该决策模型的胜率、适应性和泛化性。本模型 MCTS 的探索常数 C 设定为 2，探索幅员限定为 10 格 × 10 格，综合评价指标因素 I=[夺控任务，防护效果，杀伤效果]，对应权重 W=[0.4,0.24,0.36]。

兵棋地图选用城镇地图，想定规则为 1 号想定，选用的对手为首轮对抗中规则组第一名 AI 算法。在多次对抗中无论是对手的更换，还是想定的更换，该算法的适应性和胜率都表现良好。

调节探索常数 C 依次为 $\frac{1}{\sqrt{2}}$，1，2，3，与该规则算法对抗 10 000 局，由综合势能驱动 MCTS 决策模型学习到最优路径的局数分别在 32 局、23 局、18 局和 25 局，平均学习局数 24.5 局（图 5-9）。最终胜率稳定在 57.3%、62.5%、85.6% 和 85.1%。可以大致看出，探索常数 C 值越大，该模型偏向广度探索，更愿意探索访问次数少的节点，其学习到最优路径的可能性越大；C 值较小的时候，偏向深度探索，但容易陷入局部最优，即当前学习到的策略并不是最优的。

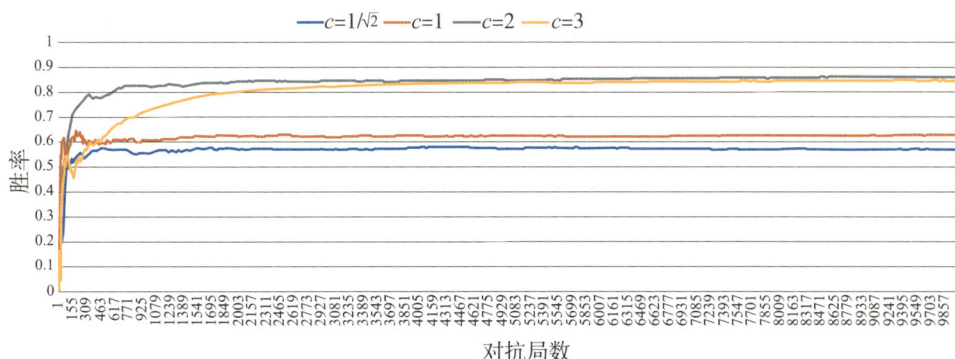

图 5-9　不同 C 值时对抗 10 000 局胜率图

为更清楚、直观地看到该模型学习到的策略，用气泡矩阵图模拟棋盘，如图5-10所示。图上每个交点为兵棋中六角格坐标，五角星为夺控点，五边形为作战单元起始点，图中气泡越大，代表算子越倾向选择该点进行机动。可以看出，加入综合势能驱动后，MCTS在广度和深度之间得到平衡，在保持胜率的同时，降低了学习时间成本。

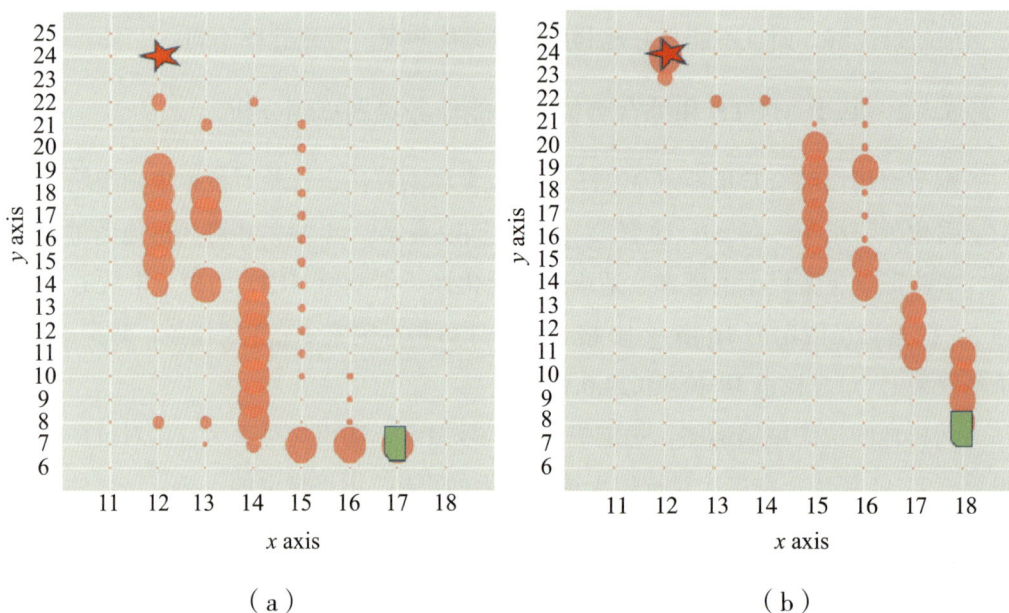

（a）　　　　　　　　　　　（b）

图 5-10　学习路径气泡矩阵图

基于上述地图和想定，对阵强化学习组 PPO 算法，PPO 算法基于 AC 的算法，拥有 Actor 和 Critic 两个神经网络，该算法用到 buffer 概念，通过缓存回合数据进行网络更新，使算法具有前瞻性。该算法在首轮表现不错。

除了胜率外，作战效益更能反映每轮对抗的效果和收益。本节用作战实力得分、歼灭得分和夺控得分总和代表作战效益得分，用综合势能驱动的 MCTS 模型与 PPO 算法对抗 1000 局，当红方胜率开始持续攀升时，代表本模型已经学习到当前的最优决策路径。本模型在 15 局学习到最优路径，在 100 局时胜率已达到 70%，后期稳定在 80.2%，经过对抗，本模型的作战效益持续攀升并大幅度领先 PPO 算法（图 5-11）。

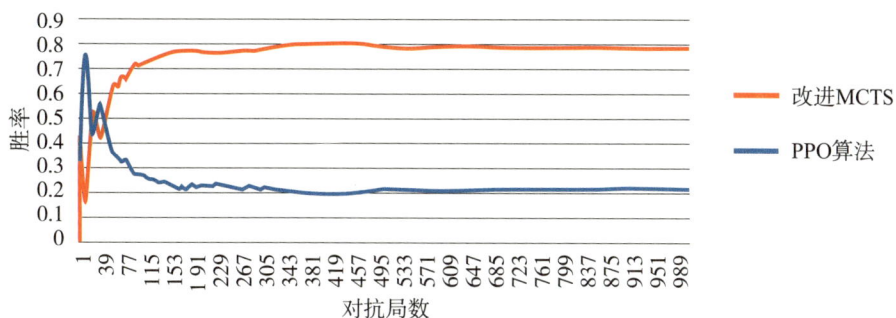

（a）胜率对比

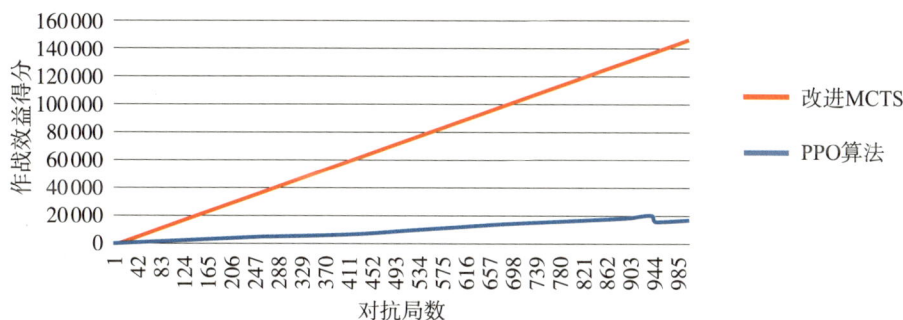

（b）作战效益对比

图 5-11　与 PPO 算法胜率和作战效益对比

对决赛前二的算法进行对抗试验，排名第一的是基于规则和随机最近距离的算法，在第二轮想定中，其胜率表现良好，排名第一。第二名是 Actor-Critic 算法，该算法是基于概率选择和行为评判得分进行策略选择。

想定设为 2 号想定，对手设置为规则 AI 和 AC，对抗 1000 局，改进的 MCTS 在 15 局和 21 局学习到最优路径，胜率保持在 83.2% 和 81.3%，改进 MCTS 在作战效益方面占有很大优势（图 5-12）。

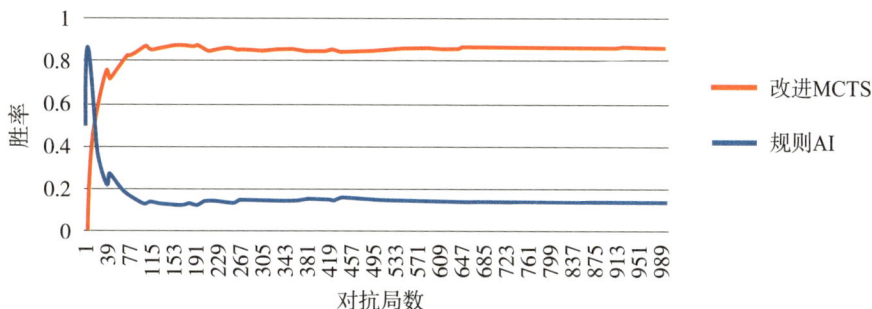

（a）基于规则AI的胜率对比

（b）基于规则AI的作战效益对比

（c）基于AC算法的胜率对比

（d）基于AC算法的作战效益对比

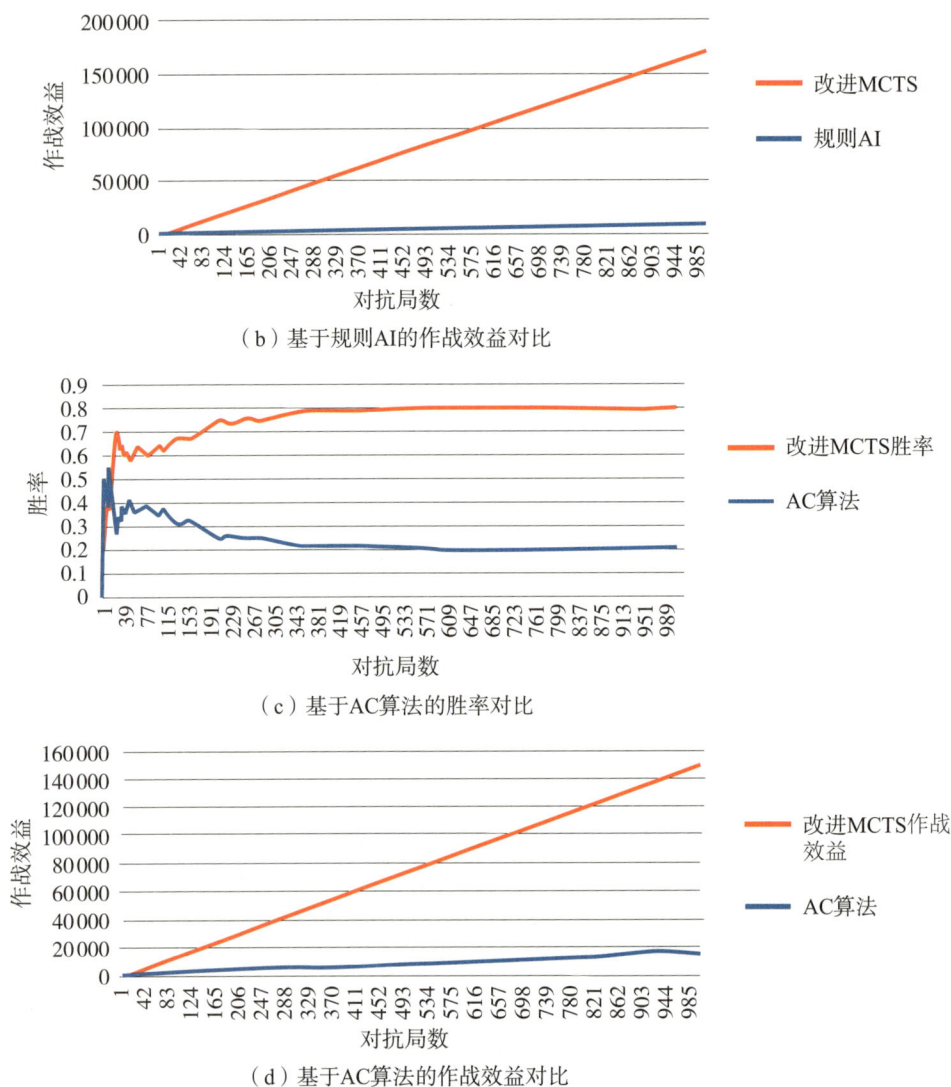

图5-12　基于2号想定的对抗结果

基于2号想定，我方模型设定为对抗蓝方，上述两个AI设定为对抗红方，再次进行对抗，对阵基于规则的AI，我方最终胜率保持在43.6%，对抗AC算法，我方胜率保持在69.7%。在该想定中，红方由于地形的遮蔽，在合适的路径中占有一定优势，导致蓝方胜率偏低，学习速度较慢。

为验证该模型在不同地图的泛化性表现，更换城镇地图为全国兵棋大赛陆战"岛上台地"和"高原通道"地图，与排名第一的算法对抗1000局。学习到路径局数分别在18局和24局，前100局胜率能达到70%以上，后期胜率均能在80%以上（图5-13）。

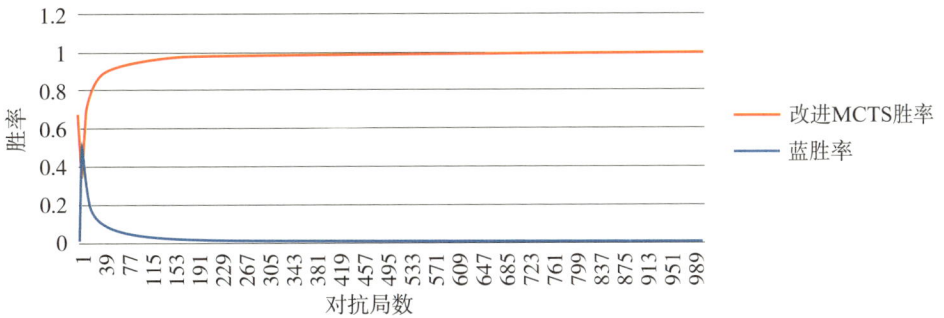

（a）岛上台地胜率对比

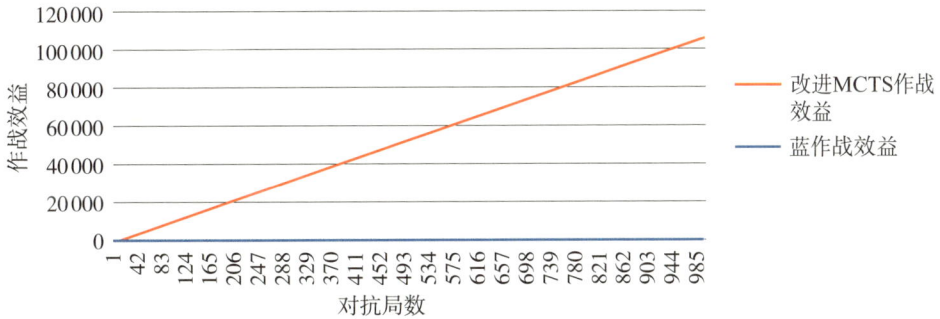

（b）岛上台地作战效益对比

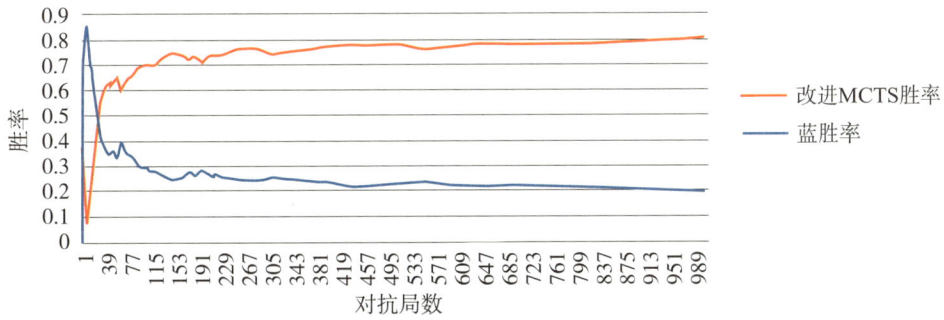

（c）高原通道胜率对比

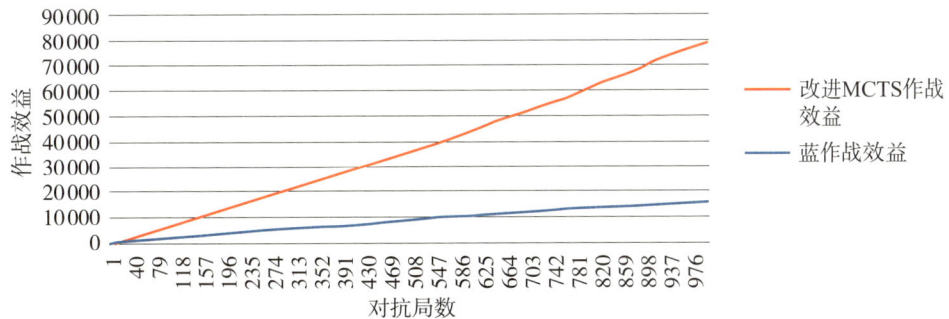

（d）高原通道作战效益对比

图 5-13　更换地图后对抗结果

表 5-5 为基于综合势能的 MCTS 模型在不同想定、地图条件下对抗不同算法的

胜率，1 号规则 AI 是基于战场态势进行规则选择的算法，2 号规则 AI 是基于规则和随机最近距离的算法。城镇为城镇居民地，高原为高原通道，台地为岛上台地。"互换"代表我方分别用红方和蓝方与对手对抗总胜率，其余为我方执红的胜率。

表 5-5　MCTS 框架下深度态势－策略网络模型对抗算法胜率

	AC	1 号规则 AI	2 号规则 AI
想定 1，城镇	80.2%	85.6%	81.3%
想定 2，城镇	75.5%（互换）	—	63.4%（互换）
想定 2，高原	—	—	80.2%
想定 2，台地	—	—	90%

由综合势能驱动的 MCTS 智能任务规划模型是集成了综合势能的评价知识和深度态势策略网络模型的决策方法。该决策模型能够在对抗中保持高胜率、较大的作战效益，学习速度快，平均路径学习收敛局数在 17.916 局，同时在面对不同 AI 算法时，其算法适应性强。在面临不同想定和地图时，该模型算法的泛化性强，并不会因地形的更改而陷入探索困境。但是，在面临较强对手或者地形处于劣势时，长期保持低胜率会导致路径学习缓慢，关键节点得不到足够的访问，在可承受的时间内寻不到最好的动作行为，这也是导致该算法有时胜率暴跌的原因。在陆战兵棋环境中，通过与规则 AI 与强化学习 AI 对抗，在原有算法基础上结合了改进的蒙特卡洛树搜索算法，对搜索树进行适当剪枝，控制探索广度，验证了该模型具有良好的泛化性和适应性。

5.3.3　多视角、全过程的作战任务规划评估与分析

作战任务规划智能评估的时机有两个：一是在作战任务规划过程中，对关键性问题进行分段或专项模拟评估；二是在作战任务规划制订后，对整个作战方案行动计划中的总体计划、分支计划及协同计划实施可行性、合理性、协同性的综合评估。评估时，首先依据作战规划内容进行作战方案录入，输入数据包括作战规划方案中的目标态势数据、我方作战部署数据、地形基础数据及规划的行动过程数据；其次，实验过程中，依托离线与在线学习智能推演环境，在仿真模型与数据资源支持与控制下，采集对抗条件下双方智能兵力实体交战数据，按照不同评估指标对数据进行分类统计，并存储到专项与综合评估数据库中；最后，依据专项评估与综合

评估指标，结合目前成熟的指数法、最大熵法、模糊综合评判法等，多层次、多角度地给出评估结论，从而衡量作战方案的优劣。指挥决策人员可以反馈修改计划内容的有关信息，也可以进行作战方案计划临机调整，然后进行推演实验与评估，直至满意作战方案计划为止。评估过程如图 5-14 所示。

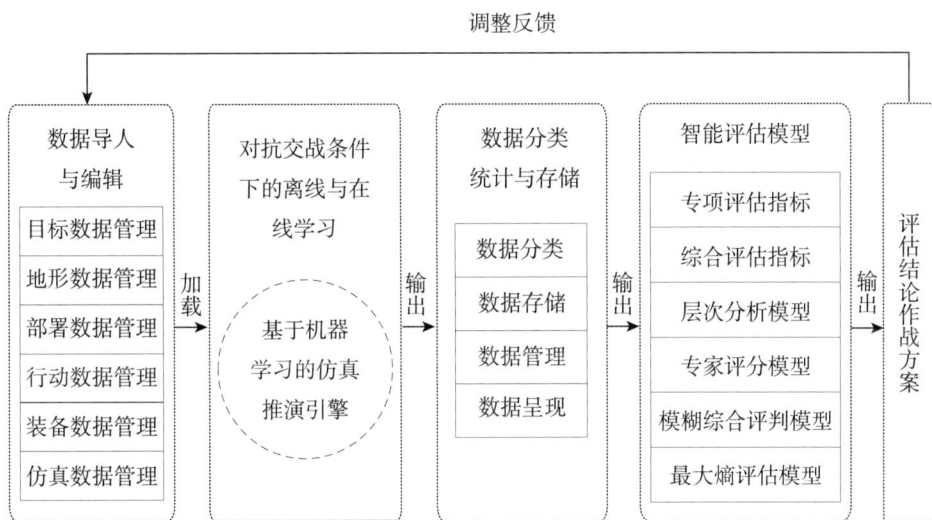

图 5-14　作战仿真推演实验评估过程

作战任务规划效果评估可以从可行性、风险度、作战效益等进行评价和估量，应做到静态评估与动态评估相结合、正向评估与逆向评估相结合、人工评估与系统评估相结合、整体评估与局部评估相结合、过程评估与结果评估相结合，多方式、多角度展开，找出方案的优点与缺点，发现方案存在的问题与不足，分析产生问题的原因，为方案的优化调整提供科学参考。

对于评估指标体系，在内容上，评估点设计要合理，涵盖作战方案各要素，突出关键作战行动计划和高新武器装备作战运用的分析评估；在使用上，灵活可编辑，以模板形式实现评估指标的标准化管理，支持基于模板的用户自定义评估指标设置；在计算上，与仿真数据项紧密关联，便于仿真评估数据的自动化处理。对于作战效益评估，重点对合同作战诸兵种协同一致完成作战任务的综合作战能力进行评价，通常从任务完成情况、歼敌效果、兵力损失、资源损耗、综合效益等视角加以评估，其指标体系也是按照不同评估目标分别建立的，如图 5-15 所示。

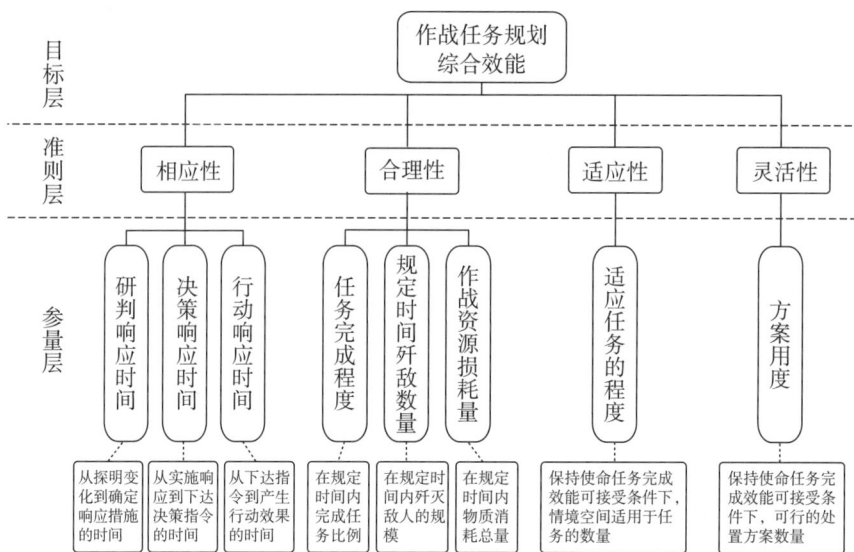

图 5-15 作战行动方案综合效能评估指标体系

根据模糊综合评估方法，以实验推演数据为输入可以对作战方案各项指标进行评估分析。基于模糊综合评判的作战方案评估步骤如图 5-16 所示。

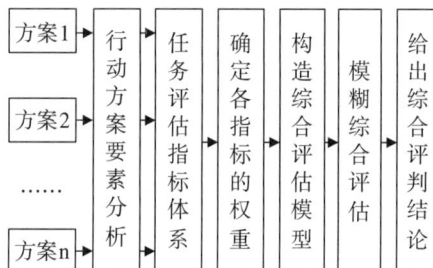

图 5-16 作战行动方案综合智能评估过程

模糊综合评估法是一种基于模糊数学的综合评估方法，主要是根据隶属度理论将定性评估转换为定量评估，即通过模糊数学对受到多种因素制约的事物或对象做出一个总体的综合评估。在对作战方案进行综合评估中，首先需要确定作战方案的各层评估指标集合 U 及其所包含各个指标，使用评语集合 V 中各评语对各指标进行单因素评估，以得到表示 U 和 V 之间模糊关系的模糊矩阵 $\boldsymbol{R}$。其次，确定各个指标权重 $\boldsymbol{W}$，各指标的权重数之和等于 1。最后，通过模糊变换得到综合评估结果。其中，$\boldsymbol{R}'_i$ 是综合评估矩阵，ω_i 是权重集，B_i 是作战方案在 V 上的综合评估结果。因此，模糊综合评估模型主要由因素（指标）集、评语集、权重集、模糊关系矩阵四部分构成。

附录 A　"先胜 1 号"陆战智能兵棋推演平台 AI 接口

A.1　文档说明

A.1.1　功能描述

本文档主要描述"先胜 1 号"陆战智能兵棋推演平台的 AI 接口，方便各参赛战队了解接口的使用方法。

A.1.2　阅读对象

本文档供有一定编程基础知识且对兵棋推演有一定了解的人员阅读，各类接口运行的具体规则可详见《突破·铁甲指挥官——陆战兵棋推演纪实》中兵棋推演规则相关部分。

A.1.3　使用环境

系统环境：Windows。
程序语言：Python3.6.4。
依赖 Python 包：Pygame
推荐使用 PyCharm。

A.2　接口设计框架

A.2.1　接口设计需求

为达到锻炼比赛队伍，逐步提升学员智能化指挥决策水平的目的，本次竞赛在全国大赛对抗规则上做了一定程度的简化和筛选，设置本次竞赛为完全信息条件下的对抗博弈。据此，为满足基于人工智能 AI 及规则 AI 的战队态势信息获取、分析和控制的需求，设计本次竞赛平台接口。开发人员使用该接口即可在比赛平台中进行完整的 AI 推演。

A.2.2　接口设计框架

1. 算子控制接口

算子控制接口是指用于控制算子行动的操作接口。在推演开始后，AI 通过战场信息做出相应决策后，使用算子控制接口控制算子的行动。

接口包括机动（6）、遮蔽（1）、直瞄射击（2）、间瞄射击（全地图空间）。（括号内为动作选择空间）

2. 查询工具接口

算子查询接口是指在推演过程中用于查询对抗双方态势信息，以便 AI 做出决策的接口。

查询工具接口包括算子当前状态查询、算子观察状态查询。

3. 分析工具接口

分析工具接口是为方便参赛选手分析战场态势提供的接口。该接口能够辅助参赛选手迅速完成各类战术计算，以辅助进行决策。

分析工具接口包括攻击等级查询、临近六角格查询、距离查询接口、通视查询接口。

A.3　接口说明

A.3.1　算子介绍

1. 红方算子

2 个地图内算子：wargame.scenario.red_tank_1；wargame.scenario.red_tank_2。
1 个地图外算子：红方炮兵（利用间瞄射击接口支援战场）。

2. 蓝方算子

2 个地图内算子：wargame.scenario.blue_tank_1；wargame.scenario.blue_tank_2。
1 个地图外算子：蓝方炮兵（利用间瞄射击接口支援战场）。

A.3.2　算子控制接口

机动（动作空间：6）。

遮蔽（动作空间：1）。

直瞄射击（动作空间：2）。

间瞄射击（动作空间：全地图空间）。

（1）算子机动接口（仅可机动一格）：self.move_one_step（x,y）。

功能：通过使用机动接口，控制算子机动至周围临近 6 个六角格中的一个。

输入 int 型的 x，y，代表相邻六角格的坐标，使算子移动；若输入六角格错误，则会出现错误信息。

样例，让红方坦克 1 机动到 1708 六角格：

 tank = wargame.scenario.red_tank_1

 tank.move_one_step（17,8）

 当红方坦克 1 距离 1708 仅 1 格时，红方坦克机动到 1708。

（2）遮蔽接口：self.change_to_hide_state（）。

功能：使算子进入遮蔽状态。

无须传入参数。

样例，让红方坦克 1 进入遮蔽状态：

tank = wargame.scenario.red_tank_1

tank.change_to_hide_state（）

红方坦克 1 进入遮蔽状态。

（3）直瞄射击接口：self.direct_fire（enermy）。

功能：控制单个算子使用中号直瞄炮攻击敌方单个算子。

输入 enermy，代表敌方算子。输出效果：对 enermy 进行一次直瞄射击。

样例，让红方坦克 1 直瞄射击蓝方坦克 2：

tank = wargame.scenario.red_tank_1

enermy = wargame.scenario.blue_tank_2

tank.direct_fire（enermy）

红方坦克 1 直瞄射击蓝方坦克 2。

（4）间瞄射击接口：self.indirect_fire（x,y）。

功能：呼唤本方炮兵对目标六角格实施远程火力打击（目标校射），在敌方行动两次后进行裁决。

输入 int 型的 x，y，代表目标六角格坐标。输出效果：间瞄目标六角格。

样例，让红方坦克 1 间瞄射击六角格 1624：

tank = wargame.scenario.red_tank_1

tank.indirect_fire（16，24）

红方坦克 1 间瞄射击六角格 1624。

A.3.3 信息查询接口

（1）算子当前状态查询接口：piece.get_piece_state（）。

功能：获得算子当前坐标、状态及班排数。

无须传入参数，输出当前状态列表。

样例，要得到蓝方坦克 1 的信息 [坐标，状态，班排数]：

tank = wargame.scenario.blue_tank_1

Blue_Tank1_state = tank.get_piece_state（）

print（Blue_Tank1_state）

[[15, 40], 机动 , 3]

获取当前蓝方 1 号坦克的坐标（15，40）当前回合机动状态，班排数为 3。

（2）算子观察状态查询：piece.check_watch（enermy）。

功能：检查当前算子是否能观察到目标算子。

输入 enermy，代表敌方算子。

返回值：返回 True 可观察到，返回 False 不可观察。

样例，检查红方坦克 1 是否能观察到蓝方坦克 1。

tank = wargame.scenario.red_tank_1

enermy = wargame.scenario.blue_tank_1

watch = tank.check_watch（enermy）

print（watch）

>> False

A.3.4 分析工具接口

（1）攻击等级查询：self.check_rank（enermy）。

功能：计算算子 1 通过直瞄射击攻击算子 2 时的攻击等级。

输入 enermy，代表敌方算子，返回 int，代表攻击等级。

样例，获得红方坦克 1 对蓝方坦克 2 的攻击等级：

tank = wargame.scenario.red_tank_1

enermy = wargame.scenario.blue_tank_2

rank = tank.check_rank（enermy）

print（rank）

>> 2

（2）临近六角格查询接口：wargame.game_map.get_neighbour（x，y）。

功能：查询该六角格周围 6 个六角格坐标。

输入 int 型的 x，y，代表六角格的坐标，输出 list，以列表形式表示周围六角格坐标。

样例，查询 1707 周边的六角格坐标：

n = wargame.game_map.get_neighbour（17, 7）

print（n）

>>[（17, 6），（17, 8），（16, 7），（16, 8），（18, 7），（18, 8）]

（3）距离查询接口 wargame.game_map.get_distance_between_hex（x0，y0，x1，y1）。

功能：查询两个六角格之间的距离。

输入 int 型的 x0，y0，x1，y1，表示起点六角格坐标和终点六角格坐标，输出 int，表示两个六角格之间的距离。

样例，查询 1707 到 1624 之间的距离：

d = wargame.game_map.get_distance_between_hex（17, 7, 16, 24）

print（d）

>> 17

（4）通视查询接口：wargame.game_map.visibility_estimation（x0，y0，x1，y1）。

功能：查询 2 个六角格之间能否通视。

输入 int 型的 x0，y0，x1，y1，表示起点六角格坐标和终点六角格坐标，返回 True 可通视，返回 False 不可通视。

样例，查询 1707 和 1624 是否通视：

visibility = wargame.game_map.visibility_estimation（17,7,16,24）

print（visibility）

>> False

附录 B　强化学习对抗赛算法设计说明

基于 Actor–Critic 算法的混合智能战术兵棋模型设计

南京理工大学　无中生有

1　Actor–Critic 算法的基本框架

强化学习通常分为 Policy–Based 和 Value–Based 两种方式。Actor–Critic 算法结合了 Policy–Based 和 Value–Based 两种方式。

Actor–Critic 算法分为两部分，其中 Actor 的前身是 Policy Gradient，可以轻松地在连续动作空间选择合适的动作，但因为 Actor 是基于回合更新的，所以学习速度比较慢。使用 Value–Based 的 Critic 可以实现单步更新。Policy–Based 和 Value–Based 两种算法互相补充就形成了 Actor–Critic 算法。Actor 基于概率选行为，Critic 基于 Actor 的行为评判行为的得分，Actor 根据 Critic 的评分修改选行为的概率。

2　Actor–Critic 算法的技术路径

2.1　基础理论

Actor–Critic 算法起源于策略梯度法。

2.1.1　策略梯度的直观解释

随机策略梯度的计算公式为

$$\nabla_{\theta} J\left(\pi_{\theta}\right) = E_{s\rho^{\pi},a\pi_{\theta}}[\nabla_{\theta}\log\pi_{\theta}(a\,|\,s)Q^{\pi}(s,a)]$$

利用经验平均估计策略的梯度：

$$\nabla_{\theta} U\left(\theta\right) \approx \hat{g} = \frac{1}{m}\sum_{i=1}^{m}\nabla_{\theta}\log P\left(\tau;\theta\right)R\left(\tau\right)$$

下面对上式进行解释：

$\nabla_{\theta}\log P(\tau;\theta)R(\tau)$ 是两项的乘积，其中第一项 $\nabla_{\theta}\log P(\tau;\theta)$ 是一个向量，而且其方向是 $\log P(\tau;\theta)$ 对参数 θ 变化最快的方向，参数在这个方向更新可以增大或者降低 $\log P(\tau;\theta)$，也就是增大或者降低轨迹 τ 的概率 $P(\tau;\theta)$；第二项 $R(\tau)$ 是一个标量，在策略梯度中扮演向量 $\nabla_{\theta}\log P(\tau;\theta)$ 的幅值的角色，$R(\tau)$ 越大，向量的幅值越大，轨迹 τ 出现的概率 $P(\tau;\theta)$ 在参数更新后会更大。因此，策略梯度的直观含义是增大高回报轨迹的概率。

2.1.2　Actor–Critic 框架引出

从策略梯度的直观解释可以看，轨迹回报 $R(\tau)$ 就像是一个评价器（Critic），该评价器（Critic）评价参数更新后，该轨迹出现的概率是变大还是变小？如果变大，应该变大多少？如果变小，应该变小多少？也就是说，策略的参数调整幅度由轨迹回报 $R(\tau)$ 进行评价。可以将 $R(\tau)$ 进行推广而不影响策略梯度大小的计算。根据舒尔曼（Shulman）的博士论文，在保持策略梯度不变的情况下，策略梯度可写为

$$g = E[\sum_{t=0}^{\infty}\phi_t \nabla_{\theta}\log \pi_{\theta}(a_t\mid s_t)]$$

ϕ_t 可以是以下任何一个：

（1）$\sum_{t=0}^{\infty}r_t$ 轨迹的总回报。

（2）$\sum_{t'=t}^{\infty}r_{t'}$ 动作后的回报。

（3）$\sum_{t'=t}^{\infty}r_{t'}-b(s_t)$ 加入基线的形式。

（4）$Q^{\pi}(s_t,a_t)$，优势函数。

（5）$A^{\pi}(s_t,a_t)$，优势函数。

（6）$r_t + V^{\pi}(s_{t+1})-V^{\pi}(s_t)$：TD 残差。

其中，（1）～（3）直接应用轨迹的回报累积回报，由此计算出来的策略梯度不存在偏差，但是由于需要积累多步的回报，因此方差会很大；（4）～（6）利用动作值函数、优势函数和 TD 偏差代替累积回报，优点是方差小，但是这三种方法中都用到了逼近方法，因此计算出来的策略梯度都存在偏差。这三种方法以牺牲偏差来换取小的方差。当 ϕ_t 取（4）～（6）的时候，就是经典的 Actor-Critic 算法。

Actor（玩家）：为了玩转这个游戏得到尽量高的奖励，需要一个策略，即输入状态，输出动作，用神经网络近似这个函数，剩下的任务就是如何训练神经网

络，得到更高的奖励。这个网络就被称为 Actor 网络。

Critic（评委）：因为 Actor 是基于策略的，所以需要 Critic 计算出对应的 value 来反馈给 Actor，告诉其表现得好不好。Critic 网络同样用神经网络进行训练得到。

当 ϕ_t 取 TD 偏差的时候，并且值函数 $V^\pi(s_t)$ 由参数为 ω 的神经网络进行逼近时，Actor-Critic 算法的更新步骤如下。

值函数网络的更新：

$$\delta \leftarrow G_t - \hat{v}(S_t, \omega)$$

$$\omega \leftarrow \omega + \beta\delta\nabla_\omega\hat{v}(S_t, \omega)$$

策略网络部分的更新：

$$\theta \leftarrow \theta + \alpha\delta\nabla_\theta log\pi(A_t \mid S_t, \theta)$$

2.2　算法实现

2.2.1　Actor-Critic 算法更新

本设计利用 Python 编程实现，利用 TensorFlow 框架搭建神经网络并保存训练模型。

策略 $\pi(s)$ 表示 Agent 的动作，其输出不是单个动作，而是选择动作的概率分布，所以一个状态下的所有动作选择的概率之和为 1。

$\pi(a \mid s)$ 表示策略。Critic 的策略值函数：

$$V_\pi(s) = E_\pi[r + \gamma V_\pi(s')]$$

策略的动作值函数为

$$Q_\pi(s, a) = R_s^a + \gamma V_\pi(s')$$

优势函数 A 表示在状态 s 下，选择动作 a 有多好。如果 a 比 average 要好，那么优势函数是 positive，否则是 negative。

$$A_\pi(s, a) = Q_\pi(s, a) - V_\pi(s) = r + \gamma V_\pi(s') - V_\pi(s)$$

$$\nabla_\theta\pi_\theta(s, a) = \pi_\theta(s, a)\frac{\nabla_\theta\pi_\theta(s, a)}{\pi_\theta(s, a)} = \pi_\theta(s, a)\nabla_\theta log\pi_\theta(s, a)$$

Actor 部分使用策略梯度定理。

$$\nabla_\theta J(\theta) = \sum_{s \in S} d(s) \sum_{a \in A} \pi_\theta(s, a)\nabla_\theta log\pi(a \mid s; \theta)A_\pi(s, a)$$

$$\nabla_\theta J(\theta) = E_{\pi_\theta}[\nabla_\theta log\pi_\theta(s, a)A_{\pi_\theta}(s, a)]$$

更新形式：

$$\theta_{t+1} \leftarrow \theta_t + \alpha A_{\pi_\theta} \pi(s,a) \boldsymbol{\nabla}_\theta \log \pi(s,a)$$

损失函数：

$$L_\pi = -\frac{1}{n} \sum_{i=1}^{n} A_\pi(s,a) \log \pi(s,a)$$

值迭代可以直接使用均方误差 MSE 作为损失函数：

$$L_v = \frac{1}{n} \sum_{i=1}^{n} e_i^2$$

训练的伪代码如下：

Input : a differentiable policy paramenterization $\pi(a \mid s; \theta)$

Input : a differentiable state - value function paramenteriation $\hat{v}(s, w)$

Algorithm paramenters : trace - dccay rates $\lambda^\theta Î[0,1], \lambda^w Î[0,1]$; step sizes $\alpha^\theta > 0, \alpha^w > 0$

Initialize policy paramenter $\theta Î R^{d'}$ and state - value weights $w Î R^d$

Loop forever (for each episode) :

　　Initialize S (first state of episode)

　　$z^\theta \leftarrow 0(d'$ - component eligibility trace vector)

　　$z^w \leftarrow 0(d$ - component eligibility trace vector)

　　$I \leftarrow 1$

　　Loop while S is not terminal (for each time step)

　　　　$A \sim \pi(.\mid S, \theta)$

　　　　Take action A, observe S', R

　　　　$\delta \leftarrow R + \gamma \hat{v}(S', w) - \hat{v}(S, w)$

　　　　$z^w \neg \gamma \lambda^w z^w + I\nabla_w \hat{v}(S, w)$

　　　　$z^\theta \leftarrow \gamma \lambda^\theta z^\theta + I\nabla_\theta \ln \pi(A \mid S, \theta)$

　　　　$w \leftarrow w + a^w \delta z^w$

　　　　$\theta \leftarrow \theta + a^\theta \delta z^\theta$

　　　　$I \leftarrow \gamma I$

　　　　$S \leftarrow S'$

2.2.2 Actor-Critic 算法在兵棋推演环境下的环境和奖励

1. 环境获取

兵棋环境下状态 s 的获取：

$$s\begin{cases} Ownside's agent \\ Enermy \\ Goal \end{cases}$$

即已方算法坐标、敌方算子坐标以及目标夺控点。

2. 奖励值获取

记 $d(ag,g)$ 为算子距离目标夺控点的距离，若 $\Delta d = d(ag,g) - d'(ag,g) > 0$，则奖励 positive，否则 negative。

3 下一步的算法改进设想

3.1 现在算法的不足

3.1.1 训练方向不佳

目前训练期望找到一个最佳的到达夺控点的路线，而实际上到达最佳的夺控点不能和最佳的作战思路等价，即可能陷入了局部最优解。其根本原因在于还没有明确可以衡量直瞄射击、间瞄射击、隐蔽和机动等算子动作之间的价值关系，而强化学习做决策需要准确的价值衡量，以朝着一个更有价值的方向去演变和学习。

3.1.2 多智能体协同

多智能体的协同问题缺乏考虑。本设计采用的 Actor-Critic 算法没有针对多智能体之间的通信协作进行考量，因此本设计的两个算子采用了同样的神经网络进行驱动。

3.2　需要改进的方面

3.2.1　重新确定奖励数

需要重新对不同动作能够得到的奖励值进行定量、定性分析，或者采用不同思路重新确定奖励值。

3.2.2　采用多智能体强化学习的方法

Actor-Critic 算法暂时没有考虑多智能体的协同问题，如果兵棋推演想定更改，算子的数量增多或者环境变得更加复杂，多智能体的系统问题就更加复杂，下一步的改进应该更多地考虑多智能体协同问题。

基于 PPO 算法的兵棋强化学习

南京理工大学 白 绐

1 系统主要流程

在兵棋环境中，系统的主要流程如图 1 所示，其中红方做动作为强化学习算法的加载位置。本组使用 PPO 算法作为强化学习的主要算法，PPO 算法是 OpenAI 提出的一种基于 Policy Gradient 和 AC 的算法，也是一种解决 Policy Gradient 不好确定 Learning Rate 的方案。目前，PPO 算法已经成为 OpenAI 在强化学习训练中的默认算法。

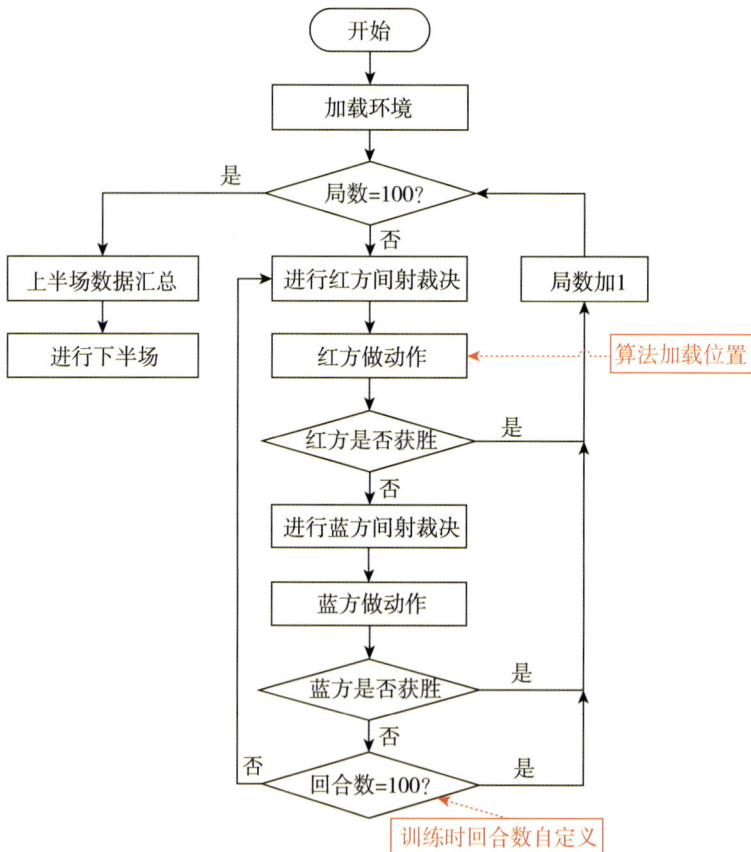

图 1 系统主要流程

2　PPO 算法的技术路径

2.1　基础理论

PPO 算法本身也是一个基于 AC 的算法，有 Actor 和 Critic 两个神经网络。其中，Critic 网络的更新方式和 AC 算法相似；Actor 具有新旧两种网络，也就是图 2 的 Pi 和 OldPi，每次更新时算法都会将 Pi 的参数复制给 OldPi。Actor 网络的主要作用是决定输出，也就是输出 action；Critic 网络用于辅助 Actor 网络更新参数。PPO 算法还用到了 buffer 概念，通过缓存一段回合的数据再进行更新网络，以此让动作输出具有一定的前瞻效果。

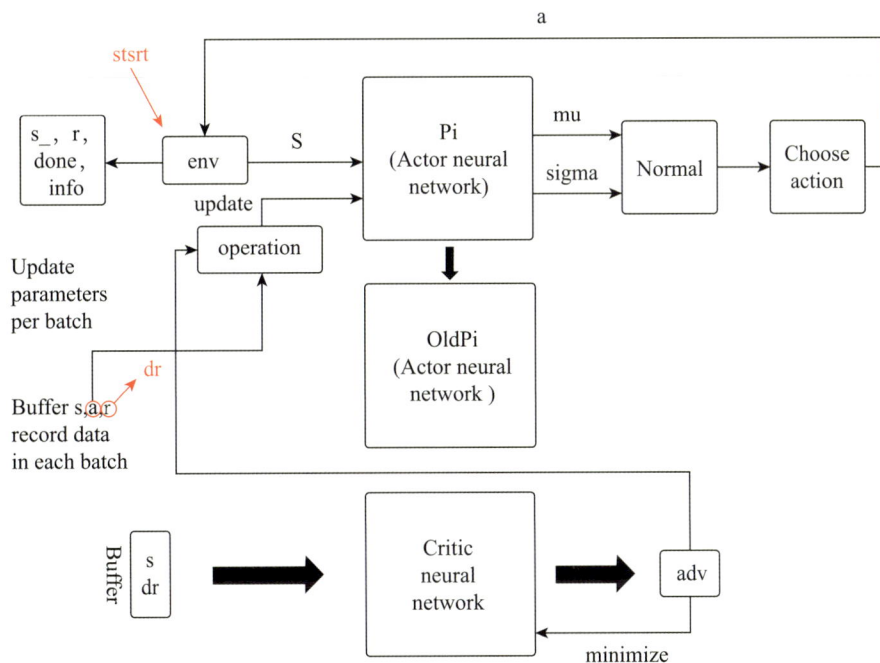

图 2　PPO 算法

2.2　算法实现

算法实现上使用算法流程图建构两个神经网络，其中 Actor 网络有旧网络和新网络之分，算法主要代码实现按照如下伪代码：

Algorithm 1 Proximal Policy Optimization (adapted from [8])

> **for** $i \in \{1, \cdots, N\}$ **do**
>> Run policy π_θ for T timesteps, collecting $\{s_t, a_t, r_t\}$
>> Estimate advantages $\hat{A}_t = \sum_{t' > t} \gamma^{t' - t} r_{t'} - V_\phi(s_t)$
>> $\pi_{old} \leftarrow \pi_\theta$
>> **for** $j \in \{1, \cdots, M\}$ **do**
>>> $J_{PPO}(\theta) = \sum_{t=1}^{T} \frac{\pi_\theta(a_t|s_t)}{\pi_{old}(a_t|s_t)} \hat{A}_t - \lambda \mathrm{KL}[\pi_{old}|\pi_\theta]$
>>> Update θ by a gradient method w.r.t. $J_{PPO}(\theta)$
>> **end for**
>> **for** $j \in \{1, \cdots, B\}$ **do**
>>> $L_{BL}(\phi) = - \sum_{t=1}^{T} (\sum_{t' > t} \gamma^{t' - t} r_{t'} - V_\phi(s_t))^2$
>>> Update ϕ by a gradient method w.r.t. $L_{BL}(\phi)$
>> **end for**
>> **if** $\mathrm{KL}[\pi_{old}|\pi_\theta] > \beta_{high} \mathrm{KL}_{target}$ **then**
>>> $\lambda \leftarrow \alpha\lambda$
>> **else if** $\mathrm{KL}[\pi_{old}|\pi_\theta] < \beta_{low} \mathrm{KL}_{target}$ **then**
>>> $\lambda \leftarrow \lambda/\alpha$
>> **end if**
> **end for**

从伪代码可看出，PPO 是一套 Actor-Critic 结构，Actor 最小化 J_PPO，Critic 最小化 L_BL。Critic 的 loss 函数就是减小 TD error。Actor 的 loss 函数是在 old Policy 的基础上，根据 Advantage（TD error）修改 new Policy。当 Advantage 大的时候，修改幅度变大，更可能发生 new Policy。而且在 PPO 算法中附加了一个 KL Penalty（惩罚项），也就是说如果 new Policy 和 old Policy 差太多，那么 KL divergence 越大。

主要代码实现如下：

```
class PPO（object）:
    def __init__（self）:
        config = tf.ConfigProto（device_count={"CPU":1},
                    inter_op_parallelism_threads=1,
                    intra_op_parallelism_threads=8,
                    log_device_placement=True）
        self.sess = tf.Session（config=config）
        self.tfs = tf.placeholder（tf.float32, [None, S_DIM], 'state'）

        # critic
        # with tf.variable_scope（'critic'）:
        w_init = tf.random_normal_initializer（0., .1）
            l1 = tf.layers.dense（self.tfs, 100, tf.nn.relu, kernel_initializer=w_init,
```

```
name='lc' )
            # l2 = tf.layers.dense ( l1, 50, tf.nn.relu )
            self.v = tf.layers.dense ( l1, 1 )
            self.tfdc_r = tf.placeholder ( tf.float32, [None, 1], name='discounted_r' )
            self.advantage = self.tfdc_r − self.v
            closs = tf.reduce_mean ( tf.square ( self.advantage ) )
            self.ctrain = tf.train.AdamOptimizer ( C_LR, epsilon=1e−5 ) .minimize ( closs )
            # actor
            self.pi, pi_params = self._build_anet ( 'pi', trainable=True )
            oldpi, oldpi_params = self._build_anet ( 'oldpi', trainable=False )
            self.update_oldpi_op = [oldp.assign ( p ) for p, oldp in zip ( pi_params, oldpi_
params ) ]
            # loss
            self.tfa = tf.placeholder ( tf.int32, [None, ], 'action' )
            self.tfadv = tf.placeholder ( tf.float32, [None, 1], 'advantage' )
            # with tf.variable_scope ( 'loss' ) :
            a_indices = tf.stack ( [tf.range ( tf.shape ( self.tfa ) [0], dtype=tf.int32 ) , self.
tfa], axis=1 )
            pi_prob = tf.gather_nd ( params=self.pi, indices=a_indices )   # shape=
( None, )
            oldpi_prob = tf.gather_nd ( params=oldpi, indices=a_indices ) # shape=
( None, )
        with tf.variable_scope ( 'surrogate' ) :
            # ratio = tf.divide ( pi.prob ( self.tfa ) , tf.maximum ( oldpi.prob ( self.tfa ) ,
1e−5 ))
            # ratio = pi.prob ( self.tfa )/ oldpi.prob ( self.tfa )
            ratio = tf.divide ( pi_prob, tf.maximum ( oldpi_prob, 1e−5 ))
            surr = ratio * self.tfadv                    # surrogate loss
            self.aloss = −tf.reduce_mean ( tf.minimum (
                surr,
                tf.clip_by_value ( ratio, 1.−METHOD['epsilon'], 1.+METHOD['epsilon'] )
*self.tfadv ))
```

```
        # actor train
        self.atrain_op = tf.train.AdamOptimizer（A_LR, epsilon=1e-5）.minimize（self.
aloss）
        self.saver = tf.train.Saver（）
        # tf.summary.FileWriter（"log/", self.sess.graph）
        self.sess.run（tf.global_variables_initializer（））
    def _build_anet（self, name, trainable）:
        with tf.variable_scope（name）:
            l_a = tf.layers.dense（self.tfs, 200, tf.nn.relu, kernel_initializer=tf.random_
normal_initializer（0., .1）,
                            trainable=trainable）
            # l_b = tf.layers.dense（l_a, 100, tf.nn.relu, kernel_initializer=tf.random_
normal_initializer（0., .1）,
            #                     trainable=trainable）
            a_prob = tf.layers.dense（l_a, A_DIM, tf.nn.softmax, trainable=trainable）
            params = tf.get_collection（tf.GraphKeys.GLOBAL_VARIABLES,
scope=name）
        return a_prob, params


    def update（self, data）:
        self.sess.run（self.update_oldpi_op）
        data = np.vstack（data）
        s, a, r = data[:, :S_DIM], data[:, S_DIM: S_DIM + 1].ravel（）, data[:, -1:]
        adv = self.sess.run（self.advantage, {self.tfs: s, self.tfdc_r: r}）
        # # adv =（adv - adv.mean（））/（adv.std（）+1e-6）   # sometimes helpful
        # [self.sess.run（self.atrain_op, {self.tfs: s, self.tfa: a, self.tfadv: adv}）for _ in
range（UPDATE_STEPS）]
        [self.sess.run（self.atrain_op, {self.tfs: s, self.tfa: a, self.tfadv: adv}）for _ in
range（UPDATE_STEPS）]
        [self.sess.run（self.ctrain, {self.tfs: s, self.tfdc_r: r}）for _ in range（UPDATE_
STEPS）]


    def choose_action（self, s）:
```

```
prob_weights = self.sess.run（self.pi, feed_dict={self.tfs: s[None, :]}）
action = np.random.choice（range（prob_weights.shape[1]），
                    p=prob_weights.ravel（）) # select action w.r.t the actions
prob
    return action
def get_v（self, s）:
    if s.ndim < 2:
        s = s[np.newaxis, :]
    return self.sess.run（self.v, {self.tfs: s}）[0, 0]
```

2.3 状态空间及奖励值设置

目前的状态空间主要包括 19 个值，主要内容包括己方算子信息、敌方算子信息、目标信息以及算子所处位置的地图信息。

奖励值通过在训练过程中不断优化获得。通过一段时间的训练实践，发现将奖励值设为如表 1 所示时可以达到比较好的效果。

表 1 奖励值设置

靠近目标点	+5
远离目标点	−5
距离目标点无变化	−1
出边界	−10
击中敌方算子	+ 敌方算子血量变化 ×10
歼灭敌方一个算子	+20
歼灭敌方所有算子	+40
被击中	+ 己方算子血量变化 ×10
己方到达目标点	+40
敌方到达目标点	−40

3 下一步的算法改进设想

3.1 目前算法的不足

由于算法设计不足以及训练时间不足等，目前训练效果还无法达到预想目标以及智能效果，其中存在的不足具体如下：

（1）算法需要输入的状态空间过大导致算法训练效率太低，目前算法中状态空间包含 19 个数值，这就导致在更新神经网络时需要更新的参数非常多，单次更新需要较长时间。

（2）经常出现收敛在局部最优的情况，由于奖励值设置存在一定的不合理性，所以还存在训练效果收敛在局部最优的情况。

（3）多智能体协同作战还无法实现，目前采用的单个智能体进行训练的方式，在实际对抗中，两个算子使用的是同一个神经网络进行动作选择。

3.2 需要改进的方面

针对上面提出的几点不足，这里进行了一些改进用于后续的算法优化：

（1）针对状态空间过大导致的算法训练效率太低的不足，后续考虑将多个状态值合并为一个或者优化掉不需要的状态值。

（2）针对收敛在局部最优的情况，分析不同的局部最优特征，优化奖励值函数。

（3）针对多智能体协同作战无法实现的问题，后续设计多智能体算法，实现多智能体内部协同。

基于规则优先级选择的智能兵棋规则算法设计

中国人民解放军陆军工程大学　工侦联盟

1　工侦联盟战队算法的基本框架

我队算法主要分为敌方运动轨迹预测、判断敌方作战策略、我方机动方案选取和各行动方案的优先级四块。

1.1　敌方运动轨迹预测

我们通过建立一个历史向量来记录敌方算子每个回合的所在位置，出现在某坐标，就对该坐标对应的值 +1，出现的频率越高，则其所对应向量位置的值越大（未经过的坐标点不记录到历史向量中），当出现大于 10 的值时，选取数值最大的两个点作为敌方运动概率最大的坐标，当敌方第一次距离这两个坐标 2 格时，对该坐标实施间瞄，流程图如图 1 所示。

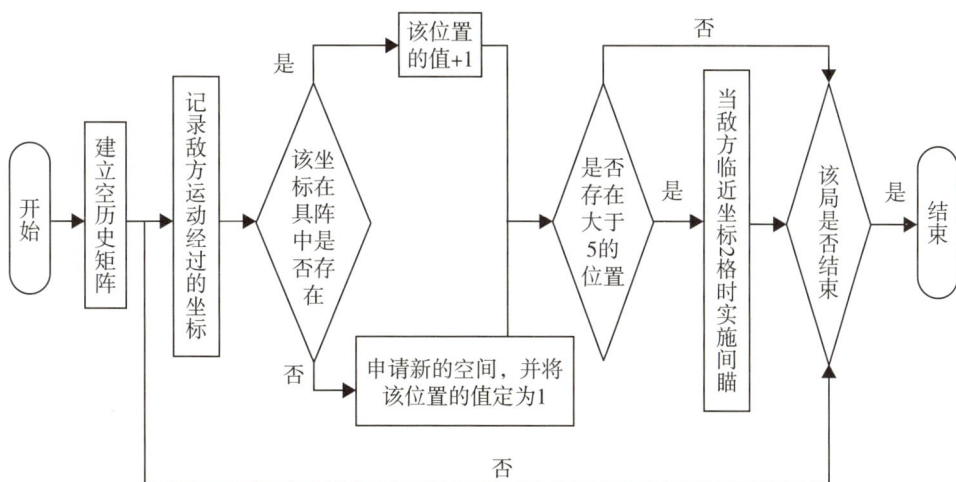

图 1　运动轨迹预测算法流程图

1.2 判断敌方作战策略

通过分析敌方一局下来机动、直瞄、间瞄之间的比例来分析敌方所采取的作战策略，流程图如图 2 所示。

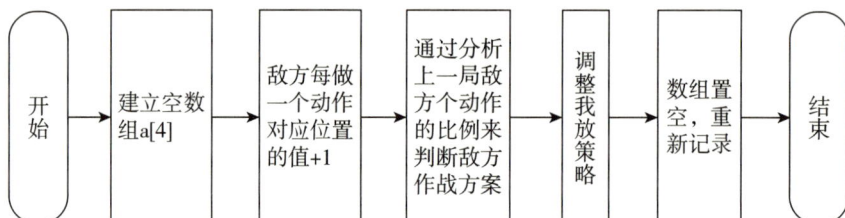

图 2 敌方作战策略预测流程图

1.3 我方机动方案选取

1.3.1 初始方案

我方行动方案的选取分为直瞄射击和机动两块。当我方能够通视敌方算子、与夺控点距离大于 2 且我方攻击等级大于敌方时，我方采取直瞄射击的方案；当与夺控点距离小于 2 时，我方算子选取最短路径进行夺控，否则我方通过罗列算子周围 6 个坐标点，每个坐标点到夺控点的距离、与敌算子最短距离，分别按照 0.6、0.4 的权重加权求和，得到数值最小的两个点，在这两个点中随机挑选一个作为机动坐标，这样既能保证运动的无规律性，又能保证逐步向夺控点和敌方逼近（图 3）。

```
                        ┌──────────────┐
                        │     开始      │
                        └──────┬───────┘
                               │
                        ┌──────┴───────┐
                        │ 建立历史矩阵，记录敌 │
                        │   方历史路径    │
                        └──────┬───────┘
                               │
     否                  ╱───────────╲
  ◄─────────────────────┤  历史矩阵是否  ├
                        ╲ 出现大于10的值 ╱
                         ╲───────────╱
                               │是
                        ┌──────┴───────┐
                        │  取最大的两个值  │
                        └──────┬───────┘
                               │
     否             ╱──────────────────╲      是
  ◄────────────────┤ 敌方算子是否第一次     ├──────────┐
                   ╲ 距离该值对应坐标2格    ╱          │
                    ╲──────────────────╱           │
                                              ┌─────┴──────┐
                                              │ 对该点实施间瞄  │
                                              └─────┬──────┘
                                                    │
                                        ╱──────────────────╲
                                   ┌────┤  敌方是否第一次进入    ├
                                   │    ╲   直瞄状态        ╱
                                   │     ╲──────────────────╱
                                   │              │是
                                   │        ┌─────┴──────┐
                                  否        │  实施间瞄     │
                                   │        └─────┬──────┘
                                   │              │
                  ╱──────────╲    否   ╱──────────────────╲   是  ┌──────────────┐
                 ┤ 我方直瞄攻击等级 ├◄───────┤ 我方距离夺控点距离     ├──────┤ 取最短路径向夺控点 │
                 ╲ 是否大于敌方  ╱        ╲ 小于3且大于敌方到     ╱      │   机动       │
                  ╲──────────╱          ╲ 夺控点距离        ╱       └──────┬───────┘
                       │                 ╲──────────────────╱              │
              ┌────────┴────────┐                                          │
              │ 对距离最近的坦克实施直瞄 │                                          │
              └────────┬────────┘                                          │
                       │                                                   │
              ┌────────┴────────┐                                          │
              │ 获取敌我互距、我方与夺控 │                                          │
              │   点距离等信息    │                                          │
              └────────┬────────┘                                          │
                       │                                                   │
              ┌────────┴────────┐                                          │
              │ 根据信息判断算子周围6个坐标 │                                        │
              │ 中哪个坐标关联度系数最高   │                                        │
              └────────┬────────┘                                          │
                       │                                                   │
              ┌────────┴────────┐                                  ┌──────┴───────┐
              │ 选择关联度最高的坐标机动  ├─────────────────────────────┤     结束      │
              └─────────────────┘                                  └──────────────┘
```

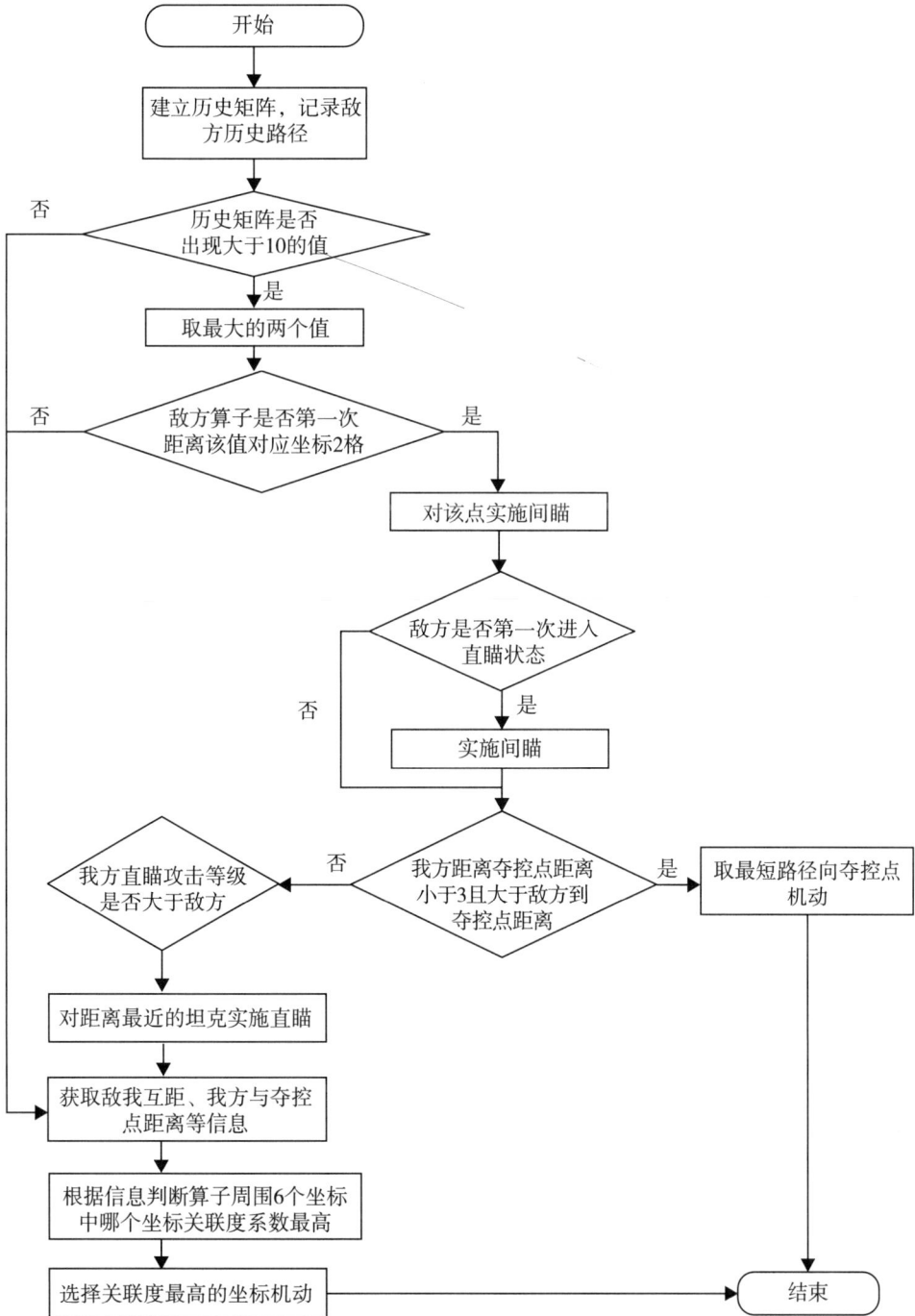

图 3　机动方案选取流程图

1.3.2 方案的调整

将敌方策略分为优先夺控、直瞄射击为主、间瞄射击为主、直瞄间瞄混合，针对不同的策略，做出如表 1 所示策略调整。

表 1 方案调整策略

	优先夺控	直瞄射击为主	间瞄射击为主	直瞄间瞄混合
红方	减少间瞄，对敌进行直瞄攻击	提高间瞄次数	无规则靠近夺控点进行夺控	1. 实施两次间瞄射击 2. 攻击等级大于敌方后进行直瞄射击 3. 当距离夺控点小于 3 后夺控
蓝方		采取直瞄对抗		

1.4 我方策略的优先级

在总的框架中，方案优先级依次为夺控、间瞄、直瞄、机动，若同时满足多个方案的条件，优先选取优先级高的方案。

2 下一步的算法改进设想

2.1 现在算法的不足

2.1.1 对敌方运动轨迹和作战方案的预测存在滞后性

我们是利用前几局敌方的历史数据来作为本局我方决策的依据，这样决策存在滞后性，如果敌方在本局改变了策略，前几局的历史数据参考性并不强，甚至会影响本局做出正确决策。

2.1.2 对敌方作战策略判断过于简单

我们在判断敌方作战策略中，只是依据其整一局的行为，笼统地归纳为优先夺控、间瞄射击为主、直瞄射击为主、直瞄间瞄混合，并没有包含所有的作战策略。

2.2　需要改进的方面

2.2.1　考虑更多的战场因素

比如，在机动路径上，我们只是以与夺控点的距离、敌我最短距离，权重 0.6、0.4 的形式计算关联度最大的机动坐标，下步要加入其他因素，如敌我兵力比、有利地形、通视情况等，重新定好权重，使机动更加合理。

2.2.2　做好实时判断

我们要通过分析敌方本局前半部分的运动轨迹、做出的动作来预测敌方后半部分会采取的策略，结合原有的历史数据，使我方的判断更加合理，同时消除原本算法中的滞后性问题。

基于规则和随机最近距离的算法设计

中国人民解放军陆军工程大学 红 日

1 基本框架

我们的算法是基于规则的一个小的算法，通过运用规则来赢得胜利。算法的基本原则主要是夺取目标点，然后通过直瞄和间瞄来打击敌方目标。算法的核心是随机选择下一次离目标点最近的点，而后进行机动。在机动的过程中，如果敌方目标进入我方直瞄范围内，我方将进行打击。如果敌方对我方进行间瞄或直瞄射击，我方选择不规避，而是继续机动，原因是敌方对我方射击的距离较远时，对我方的有效打击概率比较低。因此，我们的程序主要就是基于随机性和概率来赢得比赛。

2 算法的技术路径

2.1 机动模块

通过算子当前状态查询接口 piece.get_piece_state（）和算子观察状态查询函数 piece.check_watch（enermy）获取敌方当前的距离和状态，并判断敌方与我方的距离，如果距离大于 8 格，在敌方未对我方实施间瞄或直瞄射击的情况下，我方将选择继续机动。因此，在每次确认敌方未对我方造成威胁的情况下，我们都将会进行一次"掷骰子"，从而决定我方下一步机动的位置，不是每次得到的点数就是我方下一次的机动方位，我们会根据接口函数对我方下一步机动的目的地坐标进行风险评估，而后通过选择最优方位进行机动。我们对下一个目标进行风险评估的特征因素有以下几个：一是该方格与目标点的距离；二是该方格与敌方目标的距离；三是敌方是否对该方格进行间瞄；四是该方格与敌方目标通视与否。

2.2 直瞄模块

通过算子当前状态查询接口 piece.get_piece_state（）和算子观察状态查询函数 piece.check_watch（enermy）判断敌方目标距离我方目标的距离，如果小于或等于

8 格，我方将进行直瞄射击。在进行直瞄射击的时候，我方将对敌方目标进行判断。这里主要根据三个特征因素来选择直瞄打击目标：一是目标与我方的距离；二是目标的状态是处于隐蔽还是机动状态；三是敌方目标是否处于间瞄位置。根据这三个特征对目标进行择优选择打击。

2.3　隐蔽模块

隐蔽模块是我们算法的第三选择，是只有在无法机动或者没有打击目标的情况下才进行的选择，即运用接口函数遮蔽接口 self.change_to_hide_state（），使我方进入隐蔽状态。进入隐蔽状态后，我方将运用机动模块的查询函数对我方周边的情况进行查询，也就是在隐蔽模块，我们将机动模块和直瞄模块进行了嵌套，以处理隐蔽之后的问题。

3　下一步的算法改进设想

3.1　算法的不足

由于对 Python 的学习不是很充分，我们在算法的编辑过程中存在很多不足：一是代码编写较乱，写算法时注释不够全面；二是算法的时间复杂度和算法负责度差很多，没有考虑过算法执行的速度和运算的时间；三是我们没有考虑间瞄对打击敌方目标的重要性，算法主要还是基于对目标点的夺控，这就局限了我们算法的胜算；四是程序还不够完全，代码执行效果和算法的最初目标还差很远，这需要我们后期的调试，但由于时间和技术的原因，我们的调试工作基本处于停滞状态。

3.2　下一步改进

下一步，我们将对 Python 进行进一步的学习，将我们的算法与智能算法相结合，从而得到一个更加合理、更加智能的算法。当然，这一切也要基于我们对 Python 的学习和运用效果。我们还会对算法进行优化，对判断特征因素进行规则的调整，对优化的算法进行进一步的调整，把间瞄也作为进攻手段，从而实现取胜率的最大化。

基于博弈策略选择的规则驱动型智能兵棋模型设计

中国人民解放军陆军工程大学 铁甲依然在

1 铁甲依然在算法的基本框架

在对战过程中，因为遇到的对手不同，对手所采用的算法设计及思路也存在着巨大的差异，所以我方不能采用同一策略来面对所有敌人，必须拥有面对不同对手的思路与方法。基于这种思想，我们进行了如下算法设计。

我们的思路是通过写出多种面对不同对手的策略，在进行交战时根据交战结果判断我们是继续采用上一盘策略，还是更换新的策略。如果在上一盘对战中我方胜利则继续使用该策略，反之，则更换策略。根据这一思路我们对算法进行了实现。主体框架是在外部文本文件中写下某一数字（0，1，2），每个数字代表不同的策略。在对局开始时，我们先读取文件中的数字，根据数字来采取相对应的策略，在对局结束时，设定某一判定条件，如果对局结果达到了所设定的判定条件，就将外部文件中的数字进行更改，然后读取外部文件中的数字，更换为相对应的策略；如果没有达到判定条件，则不改变外部文件中的数字，在下一盘对战中读取外部文件中的数字，并继续采取这一策略。目前，我们编写了三种红方策略及一种蓝方策略，以应对不同的对手及算法。具体实现流程图如图 1 所示。

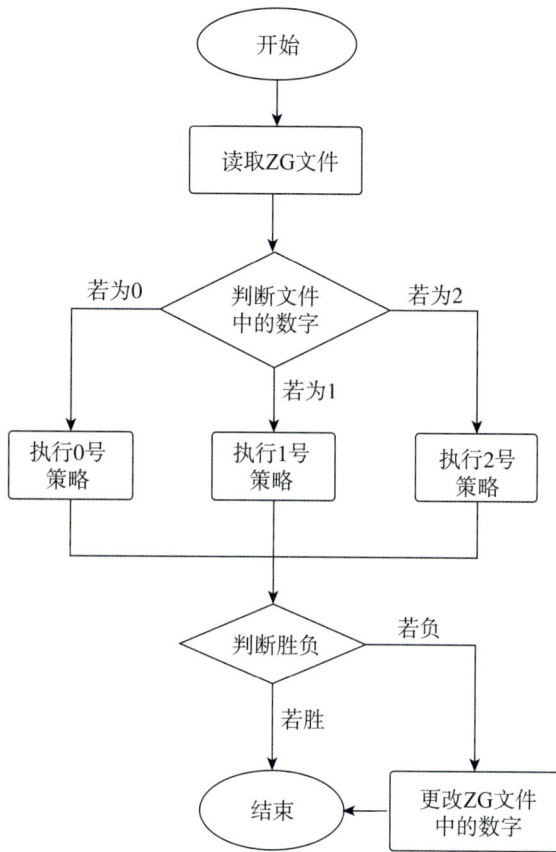

图 1　实现流程图

2　铁甲依然在算法的技术路径

2.1　基础理论

本算法主要根据 Python 语言及兵棋规则来实现。Python 是一种跨平台的计算机程序设计语言，是一种面向对象的动态类型语言，最初被设计用于编写自动化脚本，随着版本的不断更新和语言新功能的添加，被广泛用于独立的、大型项目的开发。由于 Python 语具有简洁性、易读性以及可扩展性，在国外用 Python 做科学计算的研究机构日益增多，一些知名大学已经采用 Python 来教授程序设计课程。对于兵棋规则，我们主要根据铁甲突击群兵棋对战规则与对战平台的实际情况进行学习、研究、归纳。

首先，我们对兵棋规则进行了学习与研究。在进行这一项工作时，我们更深入地掌握了兵棋的某些规则及方法，了解了一些以前不曾深入学习的东西，对于兵棋规则的使用也更加得心应手。

其次，我们将规则与 Python 语言相结合，我们的 Python 语言基础相对薄弱，在此方面主要是上网查阅资料，然后通过不断实践来实现自己的一些想法，最后初步实现了算法的功能。

2.2 算法实现

算法基本思想是通过编写多种策略来应对不同的敌方策略。我们一共编写了 3 种红方策略和 1 种蓝方策略。策略的更换通过外部文件控制，外部文件中记录相应策略号。

3 下一步的算法改进设想

3.1 现在算法的不足

第一，策略少，并不能应对大多数情况。

第二，全局控制器设置不够完善，部分情况下无法正常更换策略。

3.2 需要改进的方面

第一，增加策略，增强算法应对大多数情况的能力。

第二，改进全局控制器，使其能够应对大多数情况。

基于先验知识及 DQN 算法的混合智能兵棋研究与实现

南京大学 钟山智狼

1 基于 DQN 的智能兵棋行为决策建模

如何科学制订、评估并选择行动方案一直是制约智能决策系统进入实战化应用的一个关键性难题。利用传统方法解决此难题，需要人为地对环境和规则进行合理建模，然而在建模诸多环节中不可避免地存在人的主观因素，从而使最终的决策方案的准确性和合理性大打折扣。所以，我们要突破传统基于模型化知识的行动方案推理方法，探寻契合指挥人员决策思维的经验判断与直觉推理相结合的技术解决办法。

深度强化学习（Reinforcement Learning，RL）作为解决序贯决策（Sequential Decision Making）的重要方法，近年来在人工智能领域与深度学习紧密结合，取得了显著的效果，成为当前突破认知智能的代表性机器学习方法。这种深度强化学习的机制与方法由于契合指挥人员面向复杂作战问题的决策思维方式，因而可以作为方案仿真推演与评估的关键性技术加以运用。

兵棋推演就可以运用这种技术，在推演中引入智能蓝军 AI 对手以提供更加逼真的仿真情境，解决战役战术兵棋推演中蓝军不"蓝"的现实难题，辅助指挥决策人员对战场态势进行准确理解、理性思考与快速决策。从兵棋推演的状态空间和动作空间分析，采用深度强化学习具有可行性。兵棋推演状态空间可定义为位置坐标 X 和 Y，同时包括算子的实时状态（机动、隐蔽、设计）形成兵棋推演的状态空间，对于兵棋推演的动作空间也可以定义出具体且有限操作。

2 DQN 算法思路

虽然 Q-Learning 方法可以为智能兵棋的构建提供基础思路，但是传统的表格形式通过存储状态和相对应的 Q 值来寻找最佳执行动作。在状态太复杂的情况下，计算机内存有限，难以实现全部存储，并且在对表格进行全部搜索是很耗时的工作。把状态和动作当作神经网络的输入值，经过神经网络分析后得到 Q 值，这样就没有必要在表格中记录 Q 值，直接使用神经网络生成 Q 值，或者只输入状态值，根据神经网络输出动作值，根据 Q-Leaning 的原则直接选择最大值的动作，作为下一个要做的动作。DQN 算法为融合了神经网络和 Q-Learning 的方法。

DQN 算法核心是使用神经网络进行训练，得出每个动作准确的 Q 值，强化学习中需要每个动作正确的 Q 值，Q 值用 Q-Learning 中的 Q 现实代替。同样需要一个 Q 估计实现神经网络的更新，所以新的神经网络参数就是老的神经网络加上学习效率阿尔法，乘以 Q 实际和 Q 估计的差距。

通过神经网络预测出 $Q（s2，a1）$ 和 $Q（s2，a2）$ 的值，这就是 Q 估计。Q 现实中也包含从神经网络中估计出的 Q 估计值，不过这个 Q 估计是针对下一步 s' 的估计，最后通过算法更新来提升神经网络中的参数。还有两大要素 xperience-replay 和 fixed-Qtarget。

记忆库用于学习之前的经历，Q-Learning 是离线学习，可以学习当前经历的和过去经历的，甚至可以学习别人的经历。在 DPN 学习过程中，我们可以随机抽取一些原来的经历进行学习，随机抽取的做法打乱了经历之间的相关性，也使神经网络更新更有效率。fixed-Qtarget 神经网络中有两个结果相同、参数不同的神经网络，预测 Q 估计的神经网络具备最新的参数，Q 现实的参数则是很久以前的。算法如下：

Algorithm 1: deep Q-learning with experience replay.
Initialize replay memory D to capacity N
Initialize action-value function Q with random weights θ
Initialize target action-value function Q with weights $\theta^- = \theta$
For episode= 1, M **do**
  Initialize sequence $s_1= \{x_1\}$ and preprocessed sequence $\phi_1= \phi(s_1)$
  For t = 1,T **do**
    With probability ε select a random action a_t
    otherwise select $a_t= \text{argmax}_a Q(\phi(s_t),a; \theta)$
    Execute action a_t in emulator and observe reward r_t and image x_t+1
    Set $s_t+1 = s_t,a_t, x_{t+1}$ and preprocess $\phi_{t+1}= \phi(s_{t+1})$
    Store transition$(\phi_t,a_t,r_t, \phi_{t+1})$ in D
    Sample random minibatch of transitions$\left(\phi_j,a_j,r_j, \phi_{j+1}\right)$ from D
    Set $y_j= \begin{cases} r_j & \text{if episode terminates at step j+ 1} \\ r_j + \gamma \max_{a'} \hat{Q}\left(\phi_{j+1},a' ;\theta^-\right) & \text{otherwise} \end{cases}$
    Perfom a gradient decent step on $\left(y_j - Q\left(\phi_j,a_j;\theta\right)\right)^2$ with respect to the network parameters θ
    Every C steps reset $\hat{Q}= Q$
  End For
End For

3 DQN 算法智能兵棋模型构建

3.1 先验知识

智能兵棋的设计必然是以相应的功能接口为基础的，通过基础功能接口的调用进而实现智能兵棋的算法，最终实现智能引擎的建立。

明确定义每个算子的属性，每个属性定义了相应的基础功能函数，每次创建新的算子时以此为基类进行继承。

（1）移动函数：初始化出发位置，在想定中进行赋值，计算每个算子的 x，y 坐标，获取周围六角格的坐标，进而在获取的六角格坐标中选择一个坐标进行赋值，然后进行坐标移动，移动方向包括东、西、东北、西北、东南、西南。

（2）射击奖励积分函数：对敌方算子进行射击，获取敌方算子的坐标，进而判断射击后敌方算子是否存在，如果存在且坐标对应符合敌方算子坐标，就可以获得相应的奖励积分，否则不得分。

（3）射击函数：获取算子的坐标位置，通过调用可视函数判断是否可对敌方算子进行观察，根据敌方与我方的距离设定打击效果。

（4）获取相邻坐标函数：输入算子 x，y 坐标，代表六角格的坐标，输出 list 列表，以列表形式表示周围六角格坐标。

（5）查询两个六角格之间的距离：输入 int 型的 $x0$，$y0$，$x1$，$y1$，表示起点六角格坐标和终点六角格坐标，输出表示两个六角格之间的距离。

（6）获取算子状态信息函数：通过函数获取算子的当前坐标以及回合机动状态。

（7）检查算子能否观察对方算子：输入对方算子状态信息，可观察对方算子输出 true，不可观察输出 false。整个智能兵棋的对抗规则是红蓝双方进行对抗，双方算子可进行机动、遮蔽、直瞄射击以及间瞄射击。其中，机动是指输入 x，y 坐标，代表相邻六角格的坐标，输出效果，算子进行移动；遮蔽是保证算子进入隐蔽状态，不利于被攻击；直瞄射击是输入敌方算子，输出相应射击效果，射击敌方算子；输入 x，y 代表目标六角格坐标，输出效果，间瞄目标六角格。

3.2　蓝方行动策略

为了验证基于 DQN 算法智能兵棋的效果，设计了基于规则的蓝方算子行动策略，用于和 DQN 进行对抗训练，其主要思路如下：

（1）读取敌我算子信息，读取地形，读取夺控点。

（2）以夺控点为中心，计算夺控点周围能够一个回合内机动到夺控点的坐标，存储这个坐标列表。

（3）判断算子当前坐标是否在这个列表。如果在，计算机动的最短路径，并沿路径向夺控点机动 1 格，然后返回。

（4）判断能否观察到对方算子。如果能，则呼唤间瞄射击，射击敌方当前坐标。

（5）判断能否射击。如果能，射击，本回合结束。

（6）判断有没有计算过综合势能表。

①如果没有，则计算本回合的可机动范围。

②根据可机动范围，计算所有范围内坐标的综合势能表。

③计算综合势能表中最大势能所在坐标 A（最大综合势能同分，则比较杀伤势能）。

④计算出算子当前坐标到坐标 A 的机动路径，并保存（保存该机动路径的坐标序列，在本回合中需要反复调用，直到机动到序列终点，也就是势能最大点）。

⑤将"有没有计算过综合势能表"修改为"真"。

（7）如果算子坐标已经位于路径序列终点，则本回合结束。

（8）向路径序列的下一个坐标机动，返回。

3.3 计算综合势能表

兵棋数据可分为静态数据和动态数据。静态数据包括环境数据、规则数据和推演历史数据；动态数据主要是推演过程中的实时对抗数据。动态数据可采用蒙特卡洛树搜索模型进行建立，这部分将是下一步工作的研究重点。这里主要介绍静态数据的构建。针对静态数据，可通过对推演历史数据进行数据挖掘来获取每个六角格的地理高程等信息，同时挖掘之前专业选手比赛的数据，计算获取综合势能表。

"综合势能"计算基本思路：综合势能是对一个六角格的好坏的综合判断，和夺控势能、杀伤势能、离线势能三者相关。需要计算出可机动范围内所有坐标的三个势能，然后分别乘以相应势能的权重，再求和。夺控势能是对该六角格完成夺控任务优劣程度的度量；杀伤势能是对该六角格杀伤敌方优劣程度的度量；离线势能是对该六角格基于 2018 年全国兵棋推演大赛 2000 盘已完成的数据中提取的优劣程度的度量。

（1）计算夺控势能。初步思路是遍历可机动范围内的坐标，计算同夺控点的距离，越近，夺控势能越高。

计算流程：

①遍历可机动范围内的坐标，计算同夺控点的距离，存储字典。

②计算每个坐标的夺控势能，存储字典。

夺控势能 =20- 距离（初步定为线性关系，后期再调整）

③返回字典。

（2）计算杀伤势能。基本思路是在不满足直瞄射击的情况下，需要在可机动的坐标点中找出既有利于我方射击，又不利于敌方射击的坐标点作为机动目标（注意：在考虑不利于敌方攻击时，需要考虑我方机动后能够隐蔽和无法隐蔽两种情况）。

计算流程：

①遍历可机动范围内的每个坐标，计算每个坐标对红方的直瞄毁伤期望，存储字典 1（直瞄毁伤期望是在该点对当前敌方坐标的算子造成毁伤能力的期望值）。

②遍历可机动范围内的每个坐标，计算在非隐蔽状态下被红方攻击的直瞄毁伤期望，存储字典 2。

③遍历可机动范围内剩余机动力 ">=3" 的坐标，计算在隐蔽状态下被红方攻击的直瞄毁伤期望，更新字典 2。

④计算每个六角格的杀伤势能，存储字典 3。

杀伤势能 = 字典 1 的值 × 权重 1– 字典 2 的值 × 权重 2

权重 1 越高，计算越倾向对敌造成更大杀伤。

权重 2 越高，计算越倾向保存自己。

⑤返回字典 3。

（3）计算综合势能。每个坐标的综合势能等于该坐标的三个势能分别乘上各自的系数，然后求和（暂时默认系数都等于 1）。

$$综合势能 = 夺控势能 × 夺控势能系数 a + 杀伤势能 × 杀伤势能系数 b + 离线势能 × 离线势能系数 c$$

3.4 策略空间描述

高程：高程信息以颜色深浅表示，共有 5 种不同的颜色用以表示 5 种不同的高程。高程随颜色由浅到深逐渐变高，相邻变化色之间高差为 20 米。

算子：红蓝双方各一个，其中每个算子代表陆军装甲合成营最小分辨率单位——排，其中描述算子的属性主要包括战术指挥决策状态空间和战术动作空间两类（表 1 和表 2）。

消耗：由于算子的移动会消耗油量，因此在环境中设定了初始油量，算子每机动一个格子都会消耗油量；不同的高程对油量消耗也有差异，其高程越大，消耗油量越大。

表 1　战术指挥决策状态空间描述

状态参数	位置坐标 x	位置坐标 y
维　数	1	1
取值数目	30	30

表 2　战术动作空间描述

动作参数	移动（六角格）	射击
维　数	1	1
取值数目	6	2

3.5　动作选择规则

动作选择是设置一个 RL_brain 来进行动作的选择，RL_brain 是相对于整个智能兵棋进行推演的大脑，其共设置为两层网络，一层 10 个神经元并可以进行动作输出，红方的动作选择获得红方 rank 的 x, y 坐标，然后作为观察值输入数组。通过 RL_brain 训练好的神经网络进行最大 Q 值动作选择，选择输出状态动作空间数值，在确定数值后调用相对应的移动函数或者射击函数，进而确定下一步的动作选择。

3.6　奖励函数设计

奖励函数主要分为距离奖励和射击奖励。距离奖励以达到夺控点获得 80 奖励值，路径选择获取算子和夺控点之间的欧式距离，奖赏值设置为离夺控点欧式距离越大，则奖励值越低，如果得到夺控点则回报值设置为较大的一个数，最终将每一步的行动、回报值和观察值 x, y 存入 transition，以备后期调用记忆学习。

射击奖励为射击打击掉敌方算子，则给予 80 奖励，否则不给予奖励值。

3.7　路径规划

根据 Reward 设置的路径规划会自动寻找离夺控点最近的距离，在训练前期路径选择会围绕某一个点反复移动，在训练后期则会看到红方算子以及逐渐寻找到达离夺控点的最近移动距离，红方算子后方红方直线即为算子移动的轨迹，算子已学习到达到夺控点的最佳路径。

3.8　射击

利用奖励值对射击的效果进行定义，同时因为射击的空间较大，会导致训练收敛过慢。因此，在射击部分融合了射击规则，从而加快了训练的收敛速度。射击规则主要包括两个思路：①是否可通视，如果通视，则进行直接射击。②判断敌我双方的所有算子距离，计算出敌我算子最近距离，根据职业选手实战操作，算子之间距离 12，射击效果最好，因此以 12 作为标志点。如果距离大于 12，算子持续朝夺控点移动，如果双方算子距离小于等于 12，并且有一个敌方算子保持静止状态，即可进行射击，否则该算子向离夺控点最近距离方向移动并进行射击。

4　结论

本文的主要创新性工作是自主开发了一个智能兵棋推演环境，该环境通过实验已验证可行性，配置了一系列基础功能接口，实现了多个不同类型的算子在不同地图上的对抗，为后续更大规模、不同种类的兵棋作战推演实验提供了验证及效果分析。同时，本文利用该平台，在国内第一次验证了 DQN 算法可应用于兵棋领域，实现了智能兵棋的推演，并且明确验证了 DQN 算法可击败高水平的基于规则的对手，为国内智能兵棋领域及智能博弈推演的探索提供了第一步的工作验证。后续，还会在该平台进行一系列工作，包括对 DDQN 算法、A3C 算法、PPO 算法及改进的一系列算法在智能兵棋推演对抗的实验验证以及多 Agent 之间协同问题的研究。

实时态势驱动的智能战术兵棋算法模型设计与实现

中国人民解放军陆军工程大学 棋谋智胜

1 规则智能体算法的基本框架

规则智能体算法的基本思想是，根据算子能采取的动作制定相应规则，根据当前对战态势选择算子下一步行动所采用的规则。

算子可采取的动作有以下四种：机动、直瞄射击、间瞄射击以及遮蔽。因此，可相应制定算子的四类动作规则：机动规则、直瞄射击规则、间瞄射击规则以及遮蔽规则。

当前的对战态势决定了算子下一步将采取哪一类动作规则以及相应的具体规则。对战态势主要考虑算子与夺控点的距离、我方算子与对方算子的距离、我方算子是否观察到对方算子等状态。

举例如下：在对战开始时，判定此时的态势信息：①我方算子与夺控点之间的距离大于某一数值；②我方算子与敌方算子的最小距离大于某一数值；③我方算子无法观察到敌方算子；④敌方算子无法观察到我方算子。综合以上四个态势信息，选择采取机动动作，并选择向夺控点机动一格的动作。

本算法中，规则信息和态势信息相互独立，某一类信息的增加或减少不会对另一类信息产生影响，因此算法的扩展性很强，可以通过增加动作类型来丰富动作规则，也可通过增加态势信息来使动作的选择更加准确。但随着规则信息和态势信息的增加，建立其匹配关系的过程也越来越复杂，这也限制了此类算法的发展。

1.1 基础理论

规则智能体算法主要由动作规则和态势信息组成，下面介绍棋谋智胜的智能体中涉及的动作规则和态势信息。

1.2　动作规则

1.2.1　机动规则

在本次智能兵棋比赛的规则中，每个算子一次机动仅可机动一格，因此将机动方向分为靠近目标、保持与目标距离不变和远离目标。具体如下：

（1）向夺控点靠近：向算子周围相邻的 6 个六角格中距离夺控点距离变小的六角格机动，当存在两个这样的六角格时，等概率随机向其中一个六角格机动。

（2）保持与夺控点距离不变：算子周围相邻的 6 个六角格中可能存在一个六角格，使该六角格与夺控点的距离等于算子当前所处六角格与夺控点的距离，算子向此六角格机动。

（3）远离夺控点：向算子周围相邻的 6 个六角格中距离夺控点距离变长的六角格机动，当存在两个这样的六角格时，等概率随机向其中一个六角格机动，此规则在算法中暂未使用。

（4）向敌方最近的算子靠近：向算子周围相邻的 6 个六角格中距离敌方最近的算子的距离变小的六角格机动，当存在两个这样的六角格时，等概率随机向其中一个六角格机动。

（5）保持与敌方最近的算子距离不变：算子周围相邻的 6 个六角格中可能存在一个六角格，使该六角格与敌方最近的算子的距离等于算子当前所处六角格与敌方最近的算子的距离，算子向此六角格机动，此规则在算法中暂未使用。

（6）远离敌方最近的算子：向算子周围相邻的 6 个六角格中距离敌方最近的算子距离变长的六角格机动，当存在两个这样的六角格时，等概率随机向其中一个六角格机动，此规则在算法中暂未使用。

1.2.2　直瞄射击规则

（1）向可观察的敌方算子直瞄射击：当只能观察到一个敌方算子时，向观察到的敌方算子进行直瞄射击。

（2）向靠近夺控点的敌方算子直瞄射击：当可以观察到超过一个敌方算子时，向观察到的算子中距离夺控点最近的算子进行直瞄射击，若有多个算子距离相等，向排序靠前的算子直瞄射击。

（3）向距离最近的敌方算子直瞄射击：当可以观察到超过一个敌方算子时，向观察到的算子中距离我方算子最近的算子进行直瞄射击，若有多个算子距离相等，向排序靠前的算子直瞄射击，此规则曾在算法中使用。

（4）随机进行直瞄射击：当可以观察到超过一个敌方算子时，随机选择敌方算子进行直瞄射击，此规则在算法中暂未使用。

1.2.3 间瞄射击规则

（1）对敌方算子当前所在格进行间瞄射击：若我方只有一个算子而敌方有两个算子，对靠近夺控点的敌方算子进行间瞄射击；若我方有两个算子而敌方只有一个算子，我方两个算子均向该敌方算子进行间瞄射击；若敌我双方各只有一个算子，我方算子向该敌方算子进行间瞄射击；若敌我双方均有两个算子，我方两个算子分别向敌方两个算子进行间瞄射击。此规则曾在算法中使用。

（2）预判敌方算子前进一格进行间瞄射击：假设敌方采用向夺控点靠近的机动方式，判断敌方算子机动一格后可能所处的六角格，向该六角格进行间瞄射击；若存在两个敌方可能机动的六角格，则等概率随机向其中一个六角格进行间瞄射击。若我方只有一个算子而敌方有两个算子，对靠近夺控点的敌方算子进行间瞄射击；若我方有两个算子而敌方只有一个算子，我方两个算子均向该敌方算子进行间瞄射击；若敌我双方各只有一个算子，我方算子向该敌方算子进行间瞄射击；若敌我双方均有两个算子，我方两个算子分别向敌方两个算子进行间瞄射击。

（3）预判敌方算子前进两格进行间瞄射击：假设敌方机动采用向夺控点靠近的机动方式，判断敌方算子机动两格后可能所处的六角格，向该六角格进行间瞄射击，若存在多个敌方可能机动的六角格，则等概率随机向其中一个六角格进行间瞄射击。若我方只有一个算子而敌方有两个算子，对靠近夺控点的敌方算子进行间瞄射击；若我方有两个算子而敌方只有一个算子，我方两个算子均向该敌方算子进行间瞄射击；若敌我双方各只有一个算子，我方算子向该敌方算子进行间瞄射击；若敌我双方均有两个算子，我方两个算子分别向敌方两个算子进行间瞄射击。此规则在算法中暂未使用。

1.2.4 遮蔽规则

我方算子进入遮蔽状态。

2 下一步的算法改进设想

2.1 现在算法的不足

当前算法的不足主要体现在以下几个方面：

射击规则时难以考虑全面。当前一方只有两个算子，即使在只有两个算子的情况下，想通过规则穷尽所有的情况也是不可能的。例如，在和强化学习组的对战过程中，我方算子在前进过程中有一处高地，当其中一个算子登上高地时，直接被对方两个算子同时直瞄射击，有很大概率被直接击毁，这种情况是我们在规则设计时难以去穷尽的。

未考虑算子协同。当前算法中各个算子是各自为战的，虽也考虑算子机动方向相同、算子直瞄同一个目标等问题，但这本质上是各个算子依照一定的规则自行选择动作的结果。协同要求某一个算子根据其他算子的动作来选择自己的动作，这在目前还没有实现。

随着算子数量增加，规则设计与编程实现难度都显著加大。随着算子数量的增加，设计规则时所需考虑的态势信息数量会呈几何级数增长，只能通过先制定大体规则，再慢慢将各项规则进行细化来获得具体的规则。这也使编程变得较为困难，代码的长度会大大增加，且有大量的时间是对无效操作进行判断，代码的可读性和可维护性将大幅度降低，对规则的一点改动可能导致代码的大量修改，使智能体无法继续发展下去。

2.2　需要改进的方面

规则算法本身存在的劣势难以改变，但从编程本身来看，算法仍有一定的改进空间。算法主要采用"if…else"的选择结构，在这样的选择结构中，各个条件语句的先后顺序也将影响代码的运行速度，若将执行次数较多的条件语句放在靠前的位置，将执行次数较少的条件语句放在靠后的位置，就能在一定程度上加快算法的运行。

参考文献

[1] SILVER D, HUANG A. Mastering the game of go with deep neural networks and tree search[J]. Nature, 2016（529）: 484–489.

[2] SILVER D, SCHRITTWIESER J, SIMONYAN K, et al. Mastering the game of go without human knowledge[J]. Nature, 2017,550（7676）: 354.

[3] SILVER D, HUBERT T, SCHRITTWIESER J, et al. A general reinforcement learning algorithm that masters chess, shogi, and go through self–play[J]. Science, 2018, 362（6419）: 1140–1144.

[4] VINYALS O, BABUSCHKIN I, CZARNECKI W M, et al. Grandmaster level in StarCraft II using multi–agent reinforcement learning[J]. Nature, 2019, 575（7782）: 350–354.

[5] 张永亮, 董浩洋, 刘勇. 基于知识的智能指挥决策运行机制及其支撑技术研究 [J]. 军事运筹与系统工程, 2020,34（2）: 5–12.

[6] 张永亮, 赵广超. 沉浸式分队战术训练仿真平台关键技术研究 [J]. 军事运筹与系统工程, 2017,31（1）: 74–80.

[7] 董浩洋, 张永亮, 齐宁, 等. 基于综合势能的作战行动序列生成方法研究 [J]. 军事运筹与系统工程, 2020, 34（3）:11–18.

[8] 陈希亮, 曹雷, 沈驰. 基于深度逆向强化学习的行动序列规划问题研究 [J]. 国防科技, 2019, 40（4）: 55–61.

[9] SHAO K, ZHU Y, ZHAO D. StarCraft micromanagement with reinforcement learning and curriculum transfer learning[J]. IEEE Transactions on Emerging Topics in Computational Intelligence, 2019（1）: 73–84.

[10] PEARL J. The book of why the new science of cause and effect[M]. 北京: 中信出版集团, 2019.

[11] 李晨溪, 曹雷, 张永亮, 等. 基于知识的深度强化学习研究综述 [J]. 系统工程与电子技术, 2017, 39（11）: 2603–2613.

[12] 刘满, 张宏军, 郝文宁, 等. 战术级兵棋实体作战行动智能决策方法研究 [J]. 控制与决策, 2020,35（12）: 164–172.

[13] 胡晓峰, 荣明. 智能化作战研究值得关注的几个问题 [J]. 指挥与控制学报,2018,4（3）: 195–200.

[14] 季辉，丁泽军．双人博弈问题中的蒙特卡洛树搜索算法的改进 [J]. 计算机科学，2018, 1（45）: 140–143.

[15] 闫科，张永亮，陶伟．突破·铁甲指挥官（上册）[M]. 北京：电子工业出版社，2018.

[16] ZHOU W J, YU Y. Summarize of hierarchical reinforcement learning[J]. CAAI transactions on intelligent systems, 2017, 12（5）: 590–594.

[17] DIETTERICH T G. Hierarchical reinforcement learning with the MAXQ value function decomposition[J]. Journal of artificial intelligenee research，2000, 13: 227–303.

[18] 程晓北，沈晶，刘海波，等．分层强化学习研究进展 [J]. 计算机工程与应用，2008, 44（13）: 1–5.

[19] 沈晶．分层强化学习理论与方法 [M]. 哈尔滨：哈尔滨工程大学出版社，2007.

[20] 周文吉，俞扬．分层强化学习综述 [J]. 智能系统学报，2017, 12（5）: 590–594.

[21] LECUN Y, BENGIO Y, HINTON G. Deep learning[J]. Nature, 2015, 521（7553）:436–440.

[22] RIEDMILLER M. Neural fitted Qiteration–first experiences with a data efficient neural reinforcement learning method[C]// European Conference on Machine Learning. Springer–Verlag, 2005: 317–328.

[23] 杜正军，陈超，姜鑫．基于影响网络与序贯博弈的作战行动序列模型与求解 [J]. 系统工程理论与实践，2013, 34（6）: 136–139.

[24] 张迎新，陈超，刘忠，等．资源不确定军事任务计划预测调度模型与算法 [J]. 国防科技大学学报,2013,35（3）: 30–36.

[25] 赵冬斌，邵坤，朱圆恒，等．深度强化学习综述：兼论计算机围棋的发展 [J]. 控制理论与应用，2016, 33（6）:701–717.

[26] DENG L, YU D. Deep learning: methods and applications[J]. Foundations & trends® in signal processing, 2013, 7（3）:197–387.

[27] 周志华．机器学习 [M]. 北京：清华大学出版社，2015.

[28] MNIH V, KAVUKCUOGLU K, SILVER D, et al. Human–level control through deep reinforcement learning[J]. Nature, 2015, 518（7540）: 529–533.

[29] 陈希亮，张永亮．基于深度强化学习的陆军分队战术决策问题研究 [J]. 军事运筹与系统工程，2017，31（3）:20–27.

[30] 胡晓峰，贺筱媛，陶九阳．AlphaGo 的突破与兵棋推演的挑战 [J]. 科技导报，2017, 35（21）：49–60.

[31] 李承兴，高桂清，鞠金鑫，等．基于人工智能深度增强学习的装备维修保障兵棋研究 [J]. 兵器装备工程学报，2018, 39（2）:61–65.

[32] 王旭, 黄炎焱. 基于 OODA 环的城市内涝灾害应急联动体系建模 [J]. 南京理工大学学报, 2018, 42（2）: 234–242.

[33] 杨惟轶, 白辰甲, 蔡超, 等. 深度强化学习中稀疏奖励问题研究综述 [J]. 计算机科学, 2020, 47（3）: 182–191.

[34] 崔文华, 李东, 唐宇波, 等. 基于深度强化学习的兵棋推演决策方法框架 [J]. 国防科技, 2020, 41（2）: 113–121.

[35] 康凯, 张永亮, 李晨溪, 等. 陆军作战指挥实体动态决策建模问题研究 [J]. 系统仿真学报, 2018, 30（2）: 398–404.

[36] 蓝羽石, 丁峰, 王珩. 信息时代的军事信息基础设施 [M]. 北京: 军事科学出版社, 2011.

[37] 曹雷, 张永亮. 以知识为中心的未来指挥信息系统概念、能力及关键技术研究 [J] 军事运筹与系统工程, 2015（3）: 69–74.

[38] WU D, MENDEL J M. Computing with words for hierarchical decision making applied to evaluating a weapon system[J]. IEEE Transactions on Fuzzy Systems, 2010, 18（3）: 441–460.

[39] BIANCHI R A C, CELIBERTO L A, SANTOS P E, et al. Transferring knowledge as heuristics in reinforcement learning: A case–based approach[J]. Artificial intelligence, 2015, 226（13）:102–121.

[40] YANG G, LIN Y, BHATTACHARYA P. A driver fatigue recognition model based on information fusion and dynamic Bayesian network[J]. Information sciences, 2010, 180（10）: 1942–1954.

[41] FORCE U S A. Air force future operating concept: a view of the air force in 2035 [J]. acesso em, 2016, 2: 14–15.

[42] 陈登伟, 张永亮, 赵广超, 等. 基于信息系统的指挥能力成熟度研究 [J]. 装备学院学报 2016, 27（5）: 94–99.

[43] 胡晓峰, 郭圣明, 贺筱媛. 指挥信息系统的智能化挑战——"深绿"计划及 AlphaGo 带来的启示与思考 [J]. 指挥信息系统与技术, 2016, 7（3）:1–7.

[44] TOGHIANI–RIZI B, KAMRANI F, LUOTSINEN L J, et al. Evaluating deep reinforcement learning for computer generated forces in ground combat simulation[C]// IEEE International Conference on Systems, Man and Cybernetics. IEEE, 2017:3433–3438.

[45] ROESSINGH J J, TOUBMAN A, OIJEN J V, et al. Machine learning techniques for autonomous agents in military simulations–multum in parvo[C]// IEEE International Conference on Systems, Man, and Cybernetics. IEEE, 2017.

[46] TOUBMAN A, ROESSINGH J J, SPRONCK P H M, et al. Improving air-to-air combat behavior through transparent machine learning[D]. National Aerospace Laboratory NLR, 2014.

[47] SUTTON R S, BARTO A G. Reinforcement learning: an introduction, [M]. Massachusetts: MIT Rress, 1998.

[48] 张振, 黄炎焱, 张永亮, 等. 基于近端策略优化的作战实体博弈对抗算法 [J]. 南京理工大学学报,2021,45（1）:77-83.

[49] 李琛, 黄炎焱, 张永亮, 等. Actor-Critic 框架下的多智能体决策方法及其在兵棋上的应用 [J]. 系统工程与电子技术,2021,43（3）:755-762.

[50] OIJEN J V, POPPINGA G, BROUWER O, et al. Towards modeling the learning process of aviators using deep reinforcement learning[C]// IEEE International Conference on Systems, Man, and Cybernetics. IEEE, 2017.

[51] 朱丰, 胡晓峰. 基于深度学习的战场态势评估综述与研究展望 [J]. 军事运筹与系统工程, 2016, 30（3）: 22-27.

[52] 李耀宇, 朱一凡, 杨峰, 等. 基于逆向强化学习的舰载机甲板调度优化方案生成方法 [J]. 国防科技大学学报, 2013, 35（4）: 171-175.

[53] 张弛, 赵中华. 战场火力势算法及在地面战斗辅助决策中的应用 [J]. 军事运筹与系统工程, 2015（2）: 28-32.

[54] 杜正军. 对抗条件下作战行动序列规划问题建模与求解方法 [D]. 长沙: 国防科技大学, 2013.

[55] 王峰山, 卜先锦. 大数据关联挖掘在作战实验事后分析中的应用研究 [J]. 军事运筹与系统工程, 2017, 31（4）: 59-64.

[56] 乔永杰, 王欣九, 孙亮. 陆军指挥所模型自主生成作战计划时间参数的方法 [J]. 中国电子科学研究院学报, 2017, 12（3）:278-284.

[57] 郭继光, 黄胜. 基于大数据的军事情报分析与服务系统架构研究 [J]. 中国电子科学研究院学报, 2017, 12（4）:389-393.

[58] LANGE S, RIEDMILLER M. Deep auto-encoder neural networks in reinforcement learning[C]// Proceedings of the 2010 International Joint Conference on Neural Networks （IJCNN）, 2010: 1-8.

[59] HASSELT H V, GUEZ A, SILVER D. Deep reinforcement learning with double q-learning [C]// Proc. of the 30th AAAI Conference on Articial Intelligence. Phoenix, Arizona USA, 2016: 2094-2100.

[60] WANG Z Y, SCHAUL T, HESSEL M, et al. Dueling network architectures for deep reinforcement learning [C]// Proc. of the International Conference on Machine Learning. New York: ACM, 2016.

[61] SILVER D, LEVER G, HEESS N, et al. Deterministic policy gradient algorithms [C]// Proc. of the International Conference on Machine Learning. New York: ACM, 2014: 387–395.

[62] LILLICRAP T P, HUNT J J, PRITZEL A, et al. Continuous control with deep reinforcement learning[C]// The Fourth International Conference on Learning Representations, 2016.

[63] MNIH V, BADIA A P, MIRZA M, et al. Asynchronous methods for deep reinforcement learning [C]// International Conference on Machine Learning, 2016: 1928–1937.

[64] LEVINE S, KOLTUN V. Guided policy search [C]// Proc. of the International Csonference on Machine Learning. New York: ACM, 2013:1–9.

[65] SCHULMAN J, LEVINE S, ABBEEL P, et al. Trust region policy optimization [C]// Proc. of the International Conference on Machine Learning. New York: ACM, 2015: 1889–1897.

[66] HEESS N, WAYNE G, SILVER D, et al. Learning continuous control policies by stochastic value gradients [C]// Proc. of the Neural Information Processing Systems. MA: MIT Press, 2015: 2944–2952.

[67] BRAFMAN R I, TENNENHOLTZ M. R–max – a general polynomial time algorithm for near–optimal reinforcement learning [J]. Journal of machine learning research, 2003, 3（2）:213–231.

[68] GU S X, LILLICRAP T, SUTSKEVER I, et al. Continuous deep q–learning with model–based acceleration [C]//International Conference on Machine Learning, 2016: 2829–2838.

[69] SUTTON R S. Dyna, an integrated architecture for learning, planning, and reacting [J]. Acm sigart bulletin, 1991, 2（4）: 160–163.

[70] LI W, TODOROV E. Iterative linear quadratic regulator design for nonlinear biological movement systems [C]// Proc. of the 1st International Conference on Informatics in Control, Automation and Robotics. Set ú bal, Portugal, 2004: 222–229.

[71] 高阳 , 陈世福 , 陆鑫 . 强化学习研究综述 [J]. 自动化学报 , 2004, 30（1）: 86–100.

[72] 陈兴国 , 俞扬 . 强化学习及其在电脑围棋中的应用 [J]. 自动化学报 , 2016, 42（5）: 685–695.

[73] 胡裕靖 . 多智能体强化学习中的博弈、均衡和知识迁移 [D]. 南京 : 南京大学 , 2015.

[74] YU Y, QIAN H, HU Y Q. Derivative–free optimization via classification[C]//AAAI, 2016: 2286–2292.

[75] HU Y Q, QIAN H, YU Y. Sequential classification−based optimization for direct policy search[C]//AAAI, 2017: 2029−2035.

[76] 刘全, 翟建伟, 章宗长, 等. 深度强化学习综述 [J]. 计算机学报, 2018,41（1）:1−27.

[77] ZHANG Z, PAN Z, KOCHENDERFER M J. Weighted double Q−learning[C]// Twenty−Sixth International Joint Conference on Artificial Intelligence, 2017:3455−3461.